福从心中来

人生过的是心情，生活活的是心态

晓枫——著

中国华侨出版社
·北京·

图书在版编目（CIP）数据

福从心中来：人生过的是心情，生活活的是心态 / 晓枫著 .
—北京：中国华侨出版社，2018.5
ISBN 978-7-5113-7618-3

Ⅰ . ①福… Ⅱ . ①晓… Ⅲ . ①人生哲学—通俗读物
Ⅳ . ① B821-49

中国版本图书馆 CIP 数据核字（2018）第 044425 号

福从心中来：人生过的是心情，生活活的是心态

著　　者 / 晓　枫

责任编辑 / 高文喆　王委

责任校对 / 王京燕

经　　销 / 新华书店

开　　本 / 670 毫米 × 960 毫米　1/16　印张 / 18　字数 /259 千字

印　　刷 / 三河市华润印刷有限公司

版　　次 / 2018 年 6 月第 1 版　2018 年 6 月第 1 次印刷

书　　号 / ISBN 978-7-5113-7618-3

定　　价 / 38.00 元

中国华侨出版社　北京市朝阳区静安里 26 号通成达大厦 3 层　邮编：100028

法律顾问：陈鹰律师事务所

编辑部：（010）64443056　　64443979

发行部：（010）64443051　　传真：（010）64439708

网　址：www.oveaschin.com

E-mail：oveaschin@sina.com

前言

　　生活中，有的人烦恼多于快乐，有的人快乐大过烦恼。并非快乐多的人人生顺遂，是因得到命运的格外厚爱，而是他们懂得如何化解烦恼，将烦恼转化为快乐；也并不是烦恼多的人境遇极其坎坷，只不过他们心态不好，情绪不佳，缺少善于发现快乐的眼睛、感受快乐的心，甚至快乐的事在他们眼中也能发现烦恼的蛛丝马迹。心态不同，人生的状态就不同，影响我们的不是境遇，而是我们对这一切的态度。

　　漫漫人生中，很少有什么是能够一眼望到底的，春风得意不过一时之欢乐，马失前蹄也不过一时之失意，恒久的是人生得意时的谦卑之心、低谷时的不馁之态。一个心态积极、情绪稳定的人，在困境中也能保持冷静，积极思考想办法脱离困境，并能够为他人带来积极正面的影响，与之相反，消极的心态与情绪往往会使人即使身在浅滩，也犹如深陷汪洋大海，难以挣脱其中。狄更斯说，一个健全的心态，比一百种智慧都更有力量。可见，是确有其道理的。

我们每个人终其一生都在追求幸福与快乐，即便对幸福与快乐的定义不同，但我们依然能够从中发现获得它们的相同途径——拥有积极的心态与情绪。积极的心态与情绪带来的是正面的影响力，这无关行业与领域。"心态好了，一切都会好"，这也并非一句无用的心灵鸡汤，而是我们鲜少可以自己完全掌握的、可以改变的，拥抱幸福与快乐的方法。

生活难免出现意外，但当你心态良好、能够管住情绪不失控时，生活就不会失去秩序，人生也不会丢失光亮。本书从调节心态与管理情绪两方面出发，以深入浅出的方式，告诉你如何在生活、管理、理财、教育等方面培养良好的心态，并在了解情绪的基础上，拥有管理情绪不失控的智慧，学会健康的情绪调节方法，从而告别情绪心态困境，拥抱更美好的人生。

目录
contents

上篇
别让生活败给心态

第一章　好心态决定好人生——不焦虑的生活心态

01 …… 心态决定人生 / 003

02 …… 把目光放长远，我们才能走得更远 / 005

03 …… 积极心态是困境中的潜能钥匙 / 006

04 …… 不失热忱，生活更有滋味 / 008

05 …… 充盈生活，让自己活在当下 / 010

06 …… 没有坏的人生，只有坏的心态 / 011

07 …… 别停在原地，心态也需要成长 / 012

08 …… 释放压力，才有活力 / 014

09 …… 每个人的对手都是自己 / 015

10 …… 与欲望和解，是幸福的起点 / 017

11 …… 敢于去做，不给自己的人生设限 / 018

12 …… 接纳生活中的不完美 / 020

13 …… 打倒你的不是挫折，而是心态 / 021

14 …… 不断突破旧的格局，就是成长 / 022

15 …… 知足，才能常乐 / 024

16 …… 生活的智者，懂得感恩与分享 / 025

17 …… 对挫折的反思会让你快速成长 / 027

18 …… 听别人的意见，走自己的路 / 028

19 …… 缺少意义的工作，必然是无趣的 / 030

20 …… 内心平静的力量 / 031

21 …… 从内而外，自信起来 / 033

第二章　积极领导成就正能量团队——不消极的管理心态

01 …… 柔性管理，更加人性化的管理方向 / 035

02 …… 以同理心关注员工需求 / 037

03 …… 没有团队精神的企业，没有生命力 / 038

04 …… 不断追求卓越，才能不断进步 / 040

05 …… 为员工创造参与感与归属感 / 041

06 …… 倾听不是听见，用耳更要用心 / 042

07 …… 以"公心"做一切管理 / 044

08 ······ 能推功，能揽过，管理者才有威信 / 045

09 ······ 给予情感关注，懂安慰无距离 / 047

10 ······ 将心比心，化解敌对情绪 / 049

11 ······ 以情动人，实行情感激励 / 050

12 ······ 克服"嫉妒"心结，大胆授权人才 / 051

13 ······ 职场矛盾，宜"疏"不宜"堵" / 053

14 ······ 有决断力，企业才有未来 / 054

15 ······ 以身作则，打造团队正能量 / 056

第三章　保持一颗平常心——不浮躁的理财心态

01 ······ 摆正理财心态 / 058

02 ······ 对财富有渴望，才更有坚持的动力 / 059

03 ······ 理财不能靠空想，要落实到行动 / 061

04 ······ 比技巧更重要的平衡心态 / 062

05 ······ 学会合作，讲求共赢 / 064

06 ······ 只懂理论是理财的大忌 / 065

07 ······ 盲从是理财的误区 / 066

08 ······ 放松心态，赚钱先把钱看轻 / 068

09 ······ 人可以有欲望，但不能失去自我约束 / 069

10 ······ 保持平常心，淡然面对盈利与亏损 / 070

11 ⸱⸱⸱⸱⸱⸱ 在风险与收益中寻找平衡点 / 071

12 ⸱⸱⸱⸱⸱⸱ 耐心规划，罗马不是一天建成的 / 073

13 ⸱⸱⸱⸱⸱⸱ 尽早设定清晰的理财目标 / 074

14 ⸱⸱⸱⸱⸱⸱ 财富思维需时时创新 / 076

15 ⸱⸱⸱⸱⸱⸱ 多一分勇气，多一分创富的机会 / 077

第四章　为梦想增添助力——不迷茫的创业心态

01 ⸱⸱⸱⸱⸱⸱ 梦想是创业的动力源 / 079

02 ⸱⸱⸱⸱⸱⸱ 想要创业成功，先改变"打工心态" / 081

03 ⸱⸱⸱⸱⸱⸱ 为创业添加一点"野心" / 083

04 ⸱⸱⸱⸱⸱⸱ 创业，相信运气不如相信自己 / 084

05 ⸱⸱⸱⸱⸱⸱ 分享，让创业之路越走越顺 / 086

06 ⸱⸱⸱⸱⸱⸱ 敷衍是创业心态的第一罪 / 087

07 ⸱⸱⸱⸱⸱⸱ 机会青睐不满足现状的人 / 089

08 ⸱⸱⸱⸱⸱⸱ 创业初期，脚踏实地 / 090

09 ⸱⸱⸱⸱⸱⸱ 打破惯性思维，经验不是万能钥匙 / 091

10 ⸱⸱⸱⸱⸱⸱ 选择有时比努力更重要 / 093

11 ⸱⸱⸱⸱⸱⸱ 全心全意专注于你所做的事业 / 094

12 ⸱⸱⸱⸱⸱⸱ 追求完美，才能趋近完美 / 096

13 ⸱⸱⸱⸱⸱⸱ 学习创新思维与逆向思维 / 097

14 ⋯⋯ 创新，就不要害怕失败 / 098

15 ⋯⋯ 没有做不好的事业，只有不负责任的人 / 100

16 ⋯⋯ 年轻人奋斗，别以钱的名义 / 101

17 ⋯⋯ 敢于走他人未涉足之路 / 103

18 ⋯⋯ 心怀谦虚，创业途中不迷失自己 / 104

第五章　优秀的孩子不仅成绩好——不刻板的教育心态

01 ⋯⋯ 教育要培养完整的人 / 106

02 ⋯⋯ 教育的过程，是一种"慢"的艺术 / 107

03 ⋯⋯ 学会放手，给孩子成长的自由 / 109

04 ⋯⋯ 在悠闲中学习 / 110

05 ⋯⋯ 父母要接纳孩子，也要接纳自己 / 112

06 ⋯⋯ 倾听孩子的心声，让孩子的话经耳入心 / 113

07 ⋯⋯ 在亲子关系中反躬自问 / 114

08 ⋯⋯ 站在孩子的角度，学会共情 / 116

09 ⋯⋯ 父母真正的爱是不逾矩 / 118

10 ⋯⋯ 敢于认错，与孩子坦诚相待 / 119

11 ⋯⋯ 鼓励孩子多接触自然 / 121

12 ⋯⋯ 以孩子为师 / 122

13 ⋯⋯ 培养孩子的谦卑之心 / 124

14 ⋯⋯ 反驳"读书无用论" / 125

15 ⋯⋯ 培养孩子不能失去平常心 / 126

16 ⋯⋯ 平和对话，教育要去情绪化 / 128

17 ⋯⋯ 尊重才能化解隔阂 / 129

18 ⋯⋯ 功课好，就是优秀的孩子吗 / 131

19 ⋯⋯ 培养正义感，让孩子有责任、有担当 / 132

下篇

别让人生输给心情

第一章　情绪会伤身，小心坏情绪带来身体疾病

01 ⋯⋯ 负面情绪，伤心又伤身 / 137

02 ⋯⋯ 肩膀沉重，有可能是负面情绪过盛 / 139

03 ⋯⋯ 情绪不佳会直接导致头痛 / 140

04 ⋯⋯ 焦虑易引起颈椎病症状 / 142

05 ⋯⋯ 肠胃不适，其实是不良情绪发出的信号 / 144

06 ⋯⋯ 小心腰椎不堪重负 / 145

07 ⋯⋯ 情绪好转，肌肤才会生机勃发 / 147

08 ⋯⋯ 无名之火，最是伤肝 / 149

09 ⋯⋯ 稳定的情绪，比化妆品更能防止衰老 / 151

10 ⋯⋯ 春季要注重预防"情绪上火" / 152

11 ⋯⋯ 夏季高温，小心提防"情绪病" / 154

12 ⋯⋯ 不良情绪诱使哮喘病反复 / 155

13 ⋯⋯ 应激事件，高血压的重要诱因 / 157

14 ⋯⋯ 敌视情绪会给心脏带来重荷 / 158

15 ⋯⋯ 强烈焦虑，真的可以"一夜白头" / 160

16 ⋯⋯ 有些糖尿病是被"气"出来的 / 161

17 ⋯⋯ 经期怒气，对身体危害多多 / 163

18 ⋯⋯ 神经性皮炎，情绪波动的风向标 / 165

19 ⋯⋯ 神经衰弱，困扰白领的常见病 / 166

第二章　情绪会传染，别被他人情绪牵着鼻子走

01 ⋯⋯ 大鱼吃小鱼，生活中的情绪链危害大 / 168

02 ⋯⋯ 负面情绪比正面情绪更易传染 / 169

03 ⋯⋯ 为何负罪感久久不能消散 / 171

04 ⋯⋯ 别被捏造的记忆欺骗 / 172

05 ⋯⋯ 情绪突然爆发，也许是"旧伤"在作祟 / 174

06 ⋯⋯ 走出记忆旋涡，往事不再撩动敏感神经 / 175

07 ⋯⋯ 小心"碎碎念"变成坏情绪扩音器 / 177

08 ⋯⋯ 保持情绪定力，别让情绪化打扰生活 / 178

09 ⋯⋯ 以宽容取代愤怒，你我都快乐 / 179

10 …… 电影配乐中的"情绪流感" / 180

11 …… 信息过多过快，带来信息焦虑症 / 182

12 …… "情绪感染"在家庭中更容易升级 / 183

13 …… 乐观，你的"魅力导师"和"成功导师" / 185

14 …… 引发不快乐的十种行为 / 186

15 …… 提升对他人负面情绪的免疫力 / 188

第三章 情绪会表达，读懂他人情绪并不难

01 …… 高情商就是能体察他人情绪 / 190

02 …… 想了解他人情绪，先学会移情 / 192

03 …… 相信他人，用积极眼光看待身边人与事 / 193

04 …… 有效沟通，帮助你快速了解对方 / 195

05 …… 如何做一个有魅力的倾听者 / 197

06 …… 善于听取他人意见，容纳不同声音 / 199

07 …… 了解真相之前，不要妄下结论 / 200

08 …… 情绪表达时学会角色转换 / 202

09 …… 从言谈话语中读出他人情绪 / 203

10 …… 从肢体动作中读出他人情绪 / 205

11 …… 表情会伪装，如何辨别真假表情 / 206

12 …… 笑有多种，笑意不同 / 208

第四章　自己的情绪自己做主，管住情绪不失控

01 ······ 掌控情绪的人，才能把握未来 / 210

02 ······ 制作情绪"晴雨表"，安然度过情绪周期 / 212

03 ······ 坦然面对情绪，情绪就不再可怕 / 213

04 ······ 调节情绪不可缺乏仪式感 / 215

05 ······ 学学阿 Q 精神，给自己一点轻松快乐 / 216

06 ······ 白日梦也能带来好情绪 / 218

07 ······ 停止抱怨，行动带来改变 / 219

08 ······ 打开心扉，慢慢克服社交恐惧 / 220

09 ······ 情绪低落时，不妨装出好心情 / 222

10 ······ 问题简单化，更有利于化解情绪困境 / 223

11 ······ 情绪爆发前，为情绪降降温 / 225

12 ······ 别执着于烦恼，换个角度看生活 / 226

13 ······ 赞美自己，爱自己的人最快乐 / 227

14 ······ 坏事发生时，保持"空杯心态" / 229

15 ······ 发现怒气的信号 / 230

16 ······ 敢于"幻想"，美好终会如期而至 / 231

17 ······ 心怀希望，坚信方法总比问题多 / 233

18 ······ 正视内心的小孩，善待他 / 234

19 ······ 失去至亲的痛苦，需要时间来疗愈 / 235

20 ⋯⋯ 看到生活中的美好，并心怀感恩 / 236

21 ⋯⋯ 强迫症的本质，一个人的自相搏斗 / 238

22 ⋯⋯ 时时关注，别带着抑郁情绪生活 / 240

第五章　自己的生活自己选择，积极行动更快乐

01 ⋯⋯ 有规律地生活，身心更健康 / 242

02 ⋯⋯ 培养爱好，增加获得快乐的机会 / 244

03 ⋯⋯ 一杯咖啡的时间，让你的心灵小憩 / 245

04 ⋯⋯ 来一场旅行，聆听路上的风景与人情 / 247

05 ⋯⋯ 在瑜伽中舒缓自己 / 248

06 ⋯⋯ 面朝大海，心灵可以春暖花开 / 250

07 ⋯⋯ 制作阅读清单，享受有书为伴 / 252

08 ⋯⋯ 把抱怨写在纸上，烧掉它 / 253

09 ⋯⋯ 深呼吸，快速控制情绪的好方法 / 254

10 ⋯⋯ 在喧嚣中思考 / 256

11 ⋯⋯ 劳逸结合，放松时就尽情放松 / 257

12 ⋯⋯ 运动，让坏情绪随汗水流走 / 258

13 ⋯⋯ 不必假装坚强，痛就大哭一场 / 260

14 ⋯⋯ 谈一场愉悦的恋爱 / 261

15 ⋯⋯ 心情不好，去逛街吧 / 263

16 ·····随时反省，匆忙的生活需要静心思考 / 264

17 ·····尝试结交新朋友，打开新世界 / 266

18 ·····为自己充电，不再恐惧生活的压力 / 267

19 ·····放置盆栽，绿色让生活灵动 / 269

20 ·····布置温馨的家，让疲惫的心灵惬意 / 270

上篇 ╲ 别让生活败给心态

第一章

/ 好心态决定好人生——不焦虑的生活心态

心态决定人生

一个人的成功与其心态有很大的关系。拥有积极心态的人善于将挫折、困难归因于个人能力、经验的不完善，强调内在的力量，他们愿意不断地发展和改变自己，面对挫折也有更强的恢复和适应能力；而消极心态的人更习惯于从外部找原因，他们经常把失败归因于机遇、环境的不公，强调外在和不可控的因素。然而，抱怨和不良情绪很难让人成就一番事业。想要改变人生，就先从改变自己的心态开始。

一百多年前，一位牧羊人因为家中贫穷，就带着两个幼小的儿子整日替别人放羊。有一天，他们在一个山坡上放羊，一群大雁从他们头顶飞过，越飞越远，一会儿就看不见了。牧羊人的小儿子问："大雁要往哪里飞？"牧羊人说："它们要去一个温暖的地方，在那里度过寒冷的冬天。"大儿子眼中写满羡慕，说："要是我也能像大雁那样飞起来就好了。"小儿子也说："要是能做一只会飞的大雁该多好啊。"

牧羊人沉思了一下，然后坚定地对两个儿子说："只要你们想，你们也能飞起来。"

两个儿子模仿了鸟的动作，却还在原地，就用怀疑的眼神看着父亲。这位父亲摆动着手臂，也没能飞起来，他肯定地说："我因为年纪大了才飞不起来，你们还小，只要不断努力，将来就一定能飞起来，去想去的地方。"

两个儿子牢牢地记住了父亲的话，并一直朝"飞翔的梦"努力着。等到哥哥36岁，弟弟32岁时，他们飞起来了，因为他们发明了飞机，可以乘飞机在天空上翱翔。这两个人就是美国的莱特兄弟。

在一项关于是什么制约贫穷的人实现自己理想的调查中，"贫穷的思维"被认为是很重要的原因。很多人无法摆脱"出身卑微"这个既定事实对自己的影响，他们感到自卑，不敢朝着自己想要的结果努力。人的相貌、家境等先天条件是无法改变的，但至少内心状态、精神意志完全是自己控制的。在很大程度上，心态影响着人生的高度。

无论做什么事情，一个人的态度非常重要。激情投入地工作，与麻木被动地工作完全不同。爱默生说："一个朝着自己目标永远前进的人，整个世界都给他让路。"良好积极的心态促进我们事业的成功。当消极情绪袭来时，思想就可能被环境左右。缺乏主见、心态不稳定、容易沮丧，这都是让我们生活变得糟糕的因素。

我们要相信心态的力量，要时刻调整好心态，勇敢地去面对生活中的不如意，不要气馁，勇敢地走下去，精彩生活的大门会朝着每个积极努力的人敞开。

把目光放长远，我们才能走得更远

一个人心境的大小，很大程度上决定了他能够取得的成就。坚持相信自己能够创造奇迹的人，才有可能创造奇迹。

中国象棋最奥妙的地方在于下棋者对于未来步骤的把握，只有高手才能领悟其中的奥秘。对它研究不深的人只能看到二三步，而研究很深的高手就能看到五六步以后，甚至更多。我们的人生也是如此，那些在生活中处处留心、眼界高远的人，更能把握自己内心的需求，更敢于追求自己的梦想。

有一位哲人说过，其实世界上身无分文的人并不是最贫穷的人，没有远见的人才是最穷困潦倒的。

现任某地银行总经理的杨晓鸥，在没有从事银行工作之前，认为当银行经理是一件"非常难办到"的事情。但她应聘上银行柜员后，将自己的计划订在更远的将来，甚至是五年十年以后自己要达到什么样的成就，然后以此来制订工作的计划，包括每天的工作任务和每月的工作任务，就这样一点一滴地积累。

几年之后，杨晓鸥可以轻松开展各项业务了，并且职务也得到了一次又一次的提升，取得了几年之前只能在心里想想的成绩。有时候，将自己的眼光放得长远，会让你走得更远。如果你有毅力，能够长期坚持自己的梦想，它一定会给你带来意想不到的收获和惊喜。

曾经以为是遥不可及的梦想，随着努力和坚持，会渐渐变得清晰可见，这反过来会激励你更加长久地坚持，增加你的信心。

随着岁月的增加，我们越会发现这样一个道理，很多事情，尤其是一些重要的事情，并不是你一努力就能看到收获的，它需要你长时间地积累和练习，时间长了，才能看出效果。所以，为自己制订一个切实可行的长远计划，并为之持之不懈地努力是非常必要且很重要的。

有人曾说："如果有一县的眼光，就可以做一县的生意；如果一省的眼光，就可以做一省的生意；如果有天下的眼光，就可以做天下的生意。"不论是经商还是追求自己的梦想，把眼光放长远，眼界放高远，追求梦想也就能更执着。

在商界有这样一句话：庸者赚今天，智者赚明天。也就是说如果要有大的发展，一定要有高瞻远瞩的眼光。在我们人生旅程中也是一样的，你的心有多远就能走多远！

03

积极心态是困境中的潜能钥匙

积极的心态是成功最有力的保障，是一个人持续前进的能量。相信自己，以积极的心态去处理生活中遇到的事情，才能更好地挖掘自己的潜能，释放出最优秀的自己。

一个拥有积极心态的人，往往更愿意接受挑战，更能战胜眼前的困难。如果让所有的妈妈们在孩子出生时就能得到一本孩子的"人生大事"

命运册，并且让妈妈们能够改变其中的内容，她们一定会把其中发生在孩子身上不幸的事情全部划掉。但心理学家告诉我们，这并不是一项明智之举。

研究发现，很多人在战胜困难或是从某件不幸的事件中走出来后，他们的思想会变得更加成熟。一些经历过"生死关头"并且恢复过来的人会变得更加友善、乐于助人、热爱生活。他们也更能找到自己的人生意义所在，并且最大限度地挖掘自己的潜能。

但也有很多人在经历创伤后难以恢复，造成精神上的障碍。这两者之间的分水岭便是心态，积极的心态能够帮助一个人渡过难关，并从中找到人生的意义。而消极的心态会让人沉溺到悲伤当中无法自拔，从而阻碍一个人的发展。

很多时候，世界是随着心态的改变而不同。所以，当你处在不得志的人生境遇中时，不妨先改变自己的心态，这样你就会拥有改变人生的力量，发掘自己最大的潜能。

玛丽女士的丈夫是一名美国陆军，他长年驻扎在地处沙漠的基地里。这一年经济形势严峻，玛丽失业了，她决定去丈夫那里休整一阵子。但短短几日过去，现实状况就让玛丽后悔不已。

她身边的人几乎都是墨西哥人和印第安人，玛丽无法和他们沟通，因为他们不会说英语，而且当地气候炎热，严酷的天气状况也让她难以忍受。玛丽心生退意，于是就写信给父母，希望能够返回家去。很快，父亲给她回信了，但只有一行字："两个人从窗子向外望去，一个看到泥土，一个却看到了星星。"父亲的这封信让玛丽认真地思索了起来：自己之前看到的都是"泥土"，试着去寻找"星星"吧。

玛丽决定先尝试着和当地人接触，虽然双方无法用英语交流，但他们可以比画着手势来交流。时间一长，她在当地结交了不少朋友，朋友们很大方地把质量最好的纺织品和陶器送给她当礼物。玛丽惊奇地发现，当地的手工艺品很有特色，是美国市场大量需要的物品。之后，玛丽就成了当地手工艺品的销售代理人，她努力地把手工艺品推向大城市，而且生意还越来越好。她庆幸自己改变了心态，留了下来，才拥有了这份前途大好的工作。

沙漠还是那片风沙飞扬的沙漠，周围的人还是不会说英语的人，但是因为玛丽自我心态的改变，周围环境给她带来的感觉也发生了变化。一个由消极到积极的转变，使玛丽把原先认为恶劣的环境变为一生难以遇见的风景，积极心态的力量不言而喻。

所以，假如你不幸遭遇人生的阴霾，那么请你用积极的心态控制自己，当你将内心的悲观失望和消极颓废赶走之后，可能就会收获一个不一样的人生。

04

不失热忱，生活更有滋味

麦克阿瑟将军的办公室墙上挂着一块牌子，上面写着这样的一段话：你有信仰就年轻，疑惑就年老；你有自信就年轻，畏惧就年老；你有希望就年轻，绝望就年老；岁月使你皮肤起皱，但是失去了热忱，就损伤了灵魂。这段话是对热忱最好的赞词。培养做事的热忱，用热忱构筑人生蓝图，生活就会变得更加有滋有味。

做事怀有热忱的人，他们会把自己的工作看作是一项神圣的天职，并抱着浓厚的兴趣。在遇到困难时，他们能够用不急不躁的态度去处理。爱默生曾说："有史以来，没有任何一项伟大的事业不是因为热忱而成功的。"

将热忱的心和你的工作结合在一起，你的工作将不会显得很辛苦和单调。在很多人追逐梦想或是创业的时候，满心的热忱会使整个人充满活力，可能睡眠时间不到平时的一半，工作量达到平时的两倍或三倍，却不会觉得疲倦，这是一种非常奇妙的体验，这就是热忱的力量。

拿破仑·希尔的写作大都在晚上进行。有一天晚上，当拿破仑·希尔正专注地敲打字机时，无意中从书房窗户望出去，看到了似乎是最怪异的月亮倒影，反射在大都会高塔上。那是一种银灰色的影子，是他从来没见过的。再仔细观察一遍，原来那是清晨太阳的倒影，而不是月亮的影子，现在已经是清晨了！由于太专心于自己的工作，使得一夜仿佛只是一个小时，一眨眼就过去了。

如果不是对手中工作充满热忱，身体获得了充分的活力，拿破仑·希尔将不可能长时间地连续工作，而丝毫不觉得疲倦。

热忱是一股伟大的力量，可以使一个人焕发出活力，并发展成一种坚强的个性。有些人很幸运地天生就拥有热忱，其他人却必须通过努力才能获得。

培养热忱其实十分简单。首先，要尽量从事自己喜欢的工作，将自己的兴趣和工作联系在一起。如果目前还无法从事自己喜欢的工作，你也可以把喜欢的工作当作你奋斗的目标，以此来激励自己，并满怀热忱为之努力。

充盈生活，让自己活在当下

"活在当下，把握当下"是每个人都明白的道理，但是能做到的人却不多。在面对伤痛时，我们努力地告诉自己应该要学会放下，但总会在不知不觉中，让自己活在过去，然后幻想未来，沉浸在自己给自己设置的迷茫和伤痛当中。当我们活在过去的时候，就无法好好把握现在，让自己害怕面对现实以及不敢面对现实。

有个女孩子处在失恋的状态当中，在很长的一段时间内，工作和生活都无法回归正常，总是从蛛丝马迹中寻找过去的痕迹，难以放下。在这样的情况下，女孩子开始写日记。

日记中就记录一些很简单的事情，今天的天气情况，花盆中多肉植物的生长情况，对于生活中某一件事情的记录和感想。由于日记不断地丰富，画画、足球、读书等一一被记录下来，原本空洞的生活被一件件小事填得满满的。

一段时间以后，情况有了很大的好转。悲伤消极的情绪逐渐脱离她的生活，取而代之的是一些更加美好的事物，生活变得五彩斑斓起来。

一个人如果无法活在当下，一个重要的原因在于无法放下过去，对于自己曾经犯的错误和伤心的往事耿耿于怀，时间就在这不知不觉中悄悄溜走。

事实上，无论是快乐还是痛苦，过度沉溺于过去，只会徒增不必要的烦恼，自己也会被那些无法改变的事实所困住。人生很多的困扰，都是自己造成的。而走出人生低潮最好的方法之一，就是让自己活在当下、活在此时此刻。

充盈生活的方式有很多，只要你用心发现生活，热爱生活，美好的心情就会随之而来，新的生活自然也会到来。

没有坏的人生，只有坏的心态

相信在这个世界上，没有一个人是一帆风顺的，人的一生总会出现这样那样的挫折与困难，有的人以此来鉴定自己的人生是"好"或是"坏"，这是不明智的行为，人生的好坏更多取决于自己的心态，正所谓"没有坏的人生，只有坏的心态"，困难是人生的必要历程，如何解决困难，主要看你以怎样的心态去面对它们。

当遇到挫折与困难时，我们要摆正心态，勇敢地面对，想方设法地去解决问题，而不是推卸责任，埋怨别人。

音乐家奥勒·布尔是位名震全球的小提琴演奏家，很多人对他的天赋惊叹不已，可是人们不知道他曾经经历了多少艰苦。在他小时候，他的父亲一直反对他学小提琴，贫穷与疾病也紧紧地压迫着他。这样的环境不仅没有让他妥协，反而让他对生活有更加细致入微的体验。在别人看来是不利的环境，却成就了他。当然还有他的热忱和专心，这些都帮助他登上高峰，最终成就一番事业。

到底什么才是坏的人生？是没有如愿升迁，还是贫穷到食不果腹？这并没有一个明确的界定说你的生活达到某一项指标就被称为"坏的人生"。真正"坏的人生"是自己给自己界定的，在坏的心态的指引下，自然也就会做出与"坏的人生"相符合的事情来。

"坏的人生"更多的是一种懒惰的人生观，是不愿意改变的借口。现在社会上需要的是那些敢于奋斗和有主见的人。一个大有前途的人，从不在别人面前诉苦，他们有思想，善于独创，能吃苦耐劳，也只有这样，才能够创造出一番事业。

如果将每个人的一生都比作画板，我们就是作画者，在上面涂涂抹抹，最终画出的是姹紫嫣红的美景还是灰黑一片的断壁颓垣，很大程度上取决于自己的心态。心态好的人，始终对生活充满热情，就算在困境中也能发现美，将其记在自己的心里，画到画板上。而怀有坏心态的人，经常抱怨看到的丑陋，对美视而不见，人生自然就被涂抹得一团糟了。

07

别停在原地，心态也需要成长

在职场竞争中，企业对于人才不仅仅要求他们有一定的专业能力，更看重求职者与人相处、处理紧急事件以及他们在公司是否具有创造积极和谐气氛的能力。

记住一句话：告别痛苦、失败与忧愁的手只能由自己来挥动！成功并不是那些天生聪慧的人的专利，它更青睐于拥有良好心态的人。

人的心态主要分为两类：一种是固定心态，一种是成长心态。

拥有固定心态的人觉得自身难以改变。当遭遇挑战，任何不在掌控范围内的事情都会让他们觉得绝望和不知所措。而拥有成长心态的人则坚信可以通过努力提升自我，因此他们更敢于接受挑战，能将挑战看成学习新东西的机会，因而他们的表现比那些固定心态的人更出色。

无论你是哪一种心态的人，你都可以做出改变。以下这些策略将帮助你调整心态，使你朝着健康的成长心态发展。

第一，积极地面对困境，将眼前的挑战当作前进的垫脚石。拥有成长心态的人不会觉得无望，因为他们知道，为了取得成功，必须愿意承受失败，然后用力反弹。

当失败的恐惧袭来时，拥有成长心态的人能够更好地克服恐惧。因为他们知道，恐惧和担忧是在麻痹情绪，克服这种麻痹情绪的最好办法就是采取行动，改变现在的生活。

第二，制订每天的成长计划，有中长期的期待和目标。拥有成长心态的人知道失败可能随时降临，但他们从不会让这个认知妨碍自己去期待结果。期待结果会让你变得有动力，变得更积极乐观。

第三，拥抱逆境，迎接挑战。每个人都可能会遭遇意料之外的磨难和不幸。那些内心强大、拥有成长心态的人会将其作为提升自我的途径，而非放任逆境将自己打垮。

第四，内心不抱怨，才是好人生。抱怨是消极心态的人的明显标志。拥有成长心态的人总会在事物中寻求机遇，不会把时间浪费在抱怨和懊恼上。

08

释放压力，才有活力

许多人都曾经感受到生活、工作，甚至人际关系的压力，压力处理得宜，会变成一种动力，从而产生生命的活力。可是，如果这个压力持续存在，没有办法得到缓解，并且持续增加，这非但会严重影响生活质量，从身体健康方面来说，还会使得肾上腺、荷尔蒙的分泌出现很大的问题，引发免疫系统方面的疾病。所以，学会释放压力，就是一件很重要的事情了。

日常生活中有很多的方法可以帮助我们释放压力，让生活更有质量，下面就是一些小窍门，从现在开始改变，让不良的压力远离我们的生活。

第一，常思己过，识过改过。时常注意不要妨碍他人，情愿自己吃一点亏，受一点委屈，把方便给他人，是高效释放大脑压力，卸下心灵重负，调节平衡自己精神情绪，获取、培育、生发浩然正气和能量的最好方法。

第二，让运动成为你的习惯。最好养成规律运动的习惯，因为运动是缓解压力最好的方法。另外，每天赤脚在草地上走，也可以释放压力，人的脚底有众多穴位，赤脚走路能使穴位得到按摩，使人体经络通畅。

第三，保证充足优质的睡眠。睡眠是非常好的方法。但是，现代人普遍睡眠质量不佳。台湾医师协会统计，台湾每天靠安眠药入睡的有500万人，睡觉是一门大学问，千万记住，晚上睡觉不要把手压在胸口，也不要压在腹部，最好的方法就是放在身体两旁，手心朝上。睡眠品质越好，压力释放的速度越快。可是不要等身体过度劳累再去睡觉，这样很容易睡不着。

第四，保证休息的时间。休息和睡眠不同，休息是脱离原来的工作，转换一个场景。举例，吃工作餐的时候尽量不要在原来的办公桌吃，吃完之后，留 15 分钟来做和上班无关的事。

第五，注意饮食。不要喝刺激性的饮料，例如可乐、汽水、咖啡、茶、酒等，喝这些饮料，会使交感神经亢奋，甚至会刺激身体所有的功能，使之处于警戒状态。而蔬菜、水果、五谷杂粮等则会让一个人保持放松的状态。另外，喝水可以减轻压力，释放压力。

第六，经常进行户外运动，多晒太阳。很多忧郁症患者都不爱晒太阳，事实上，平常多晒太阳，身体的抵抗力会增加，心情也会愉快很多。

09

每个人的对手都是自己

一个人最大的对手其实是自己，别人再怎么想帮助你，自己本身不愿意改变，那也是徒劳无功。面对自己，把自己打造成一个内心丰富的人，方能彰显自己的人生价值。你需要对自己有一定的了解，或者你有过人的口才，或者你有思想和能力。将这些优点转化为你求职创业的基础，你离成功也就不远了。

以下提供一些方法，能够帮助你认识自己，改变自己，成为自己生命的主人。

第一，任何的成长都需要一步步地做，需要点滴的积累来积淀自己的内涵，使自己变得有深度、有气质。那些曾经读过的诗书、经历的风雨，都会是你成长道路上最重要的收获。

第二，认识你自己。自知之明这个提法虽然已经相当古老，但是，这确实是一个人应该做到也是必须做到的。自知，就是正确地认识自己，了解自己的优点和缺点，例如，勤奋或懒惰、乐观或悲观、外向或内向、做事认真或敷衍了事、容易激动或遇事冷静。

当我们能够清楚地看到自身的优点和缺点时，才算得上有自知之明。自知之明的更深层含义，是要对自己的能力做出更加深入的分析，例如你的特长是什么，例如你的缺点是什么。当我们有了自知之明以后，就要积极地、有意识地发挥自己的长处，克服自己的缺点和不足，力争使自己的优点更加突出。

第三，直面自己。很多时候，我们能够客观公正地评价别人，却难以正确地看待自己。当我们看自己的时候，经常会戴上一副放大优点、缩小缺点的眼镜。我们需要的是常常能够做到自查自省，勇敢地面对自己并改正缺点。

发挥优势并不算难事，难的是克服自身的缺点和劣势。然而，正是克服缺点和劣势有困难，才需要我们去挑战自己。因为从某种程度上讲，成功就是将自身劣势变为优势的过程。

10

与欲望和解，是幸福的起点

人们拥有多高的地位和金钱才能感受到幸福呢？关于这个问题，心理学家们展开了长期的研究调查。结果令人惊讶。当一个人的收入水平达到中产阶级且有了一定的可支配收入后，他们的幸福程度与他们的金钱增长的相关性非常小。

也就是说，当一个食不果腹的人的经济有所提升时，他会明显感受到幸福感的提升。对于一个生活已经有了一定保障的家庭而言，经济的提高似乎很难让他们的幸福指数有大的提高。

对于很多人而言，欲望太多，反而会成为幸福生活的累赘。淡泊的心胸，更能让自己充实满足。想要幸福，就要学会与欲望和解。如何和解呢？要做到下面几点：

第一，要有宽容之心。宽容让人心静，如能以一颗宽容之心对己对人，以一份豁达的心境对人对事，就能够避免很多烦恼。生活中的很多事情，都没必要锱铢必较，忍让并不等同于软弱，更多的是一种做人处事的人生智慧。

第二，耐得住寂寞，经得起等待。每一件事的发展都是一个过程，时间也是做成一件事的重要因素，善于等待能让你迎来成功。智者善谋，谋其机也。何时该做什么，就专心做好什么，不要吃着碗里的、瞅着锅里的。急于求成往往只能功败垂成。

第三，静以修身，俭以养德。喧嚣的生活，躁动着每一颗不安分的心，在这样的环境中觅得宁静，也就真正地明白了生活的真谛。节俭之人必能克制物欲的诱惑而淳养品德，德高则易静。静者，不为外物所动也。

第四，安谧常显自我。生活唯有做到心平气和，波澜不惊，才能窥见真正的自我，才能做到不卑不亢，从而明白自己真正的幸福所在。少计较，多宽容，让心宁静，幸福才会现身。

只看自己的不足，你会自卑；只看自己的长处，你会自负。只有冷静、客观地审视自己，坦然面对缺点，并善于发现自己的长处，扬长避短，才能发现优秀的你。人无完人，敢于正视自己的缺点是一种勇气，善于把自己的缺点转化成优点是一种睿智。优劣无绝对，懂得运用，缺点也能成优点。

11

敢于去做，不给自己的人生设限

一个人的能力到底有多大，我们能实现怎样的梦想，在很多时候往往高出我们的预期。对于梦想，只要你敢于追求，敢于去做，敢于承受一路上的艰辛与寂寞，梦想总会给你带来意想不到的惊喜。

"上帝在我生命中有个计划，通过我的故事给予他人希望。"这是澳大利亚年度杰出青年——尼克·胡哲演讲时最爱说的一句话。

上帝对他是不公的。他降临人世的那一刻，把所有人都吓得够呛。因为他没有四肢，只在左侧臀部以下的位置有一个带着两个脚指头的小"脚"。

但上帝为他打开了另一扇窗户，让他拥有善于教育、敢于担当的父母。父母接纳了他，他们希望他能够像普通人一样生活。

18个月大的时候，父亲把他放到浴缸里，让他感受水的浮力，以便获得学习游泳的勇气。六岁，父亲教他用仅有的两个脚趾练习打字。后来，父亲把他送到学校，母亲为他设计了一个塑料装置，帮助他握笔写字。

是父母点亮了他的心灯。父母告诉他，在任何环境下都要微笑；不因缺失而抱怨，要为拥有去感恩。在真情感召下，他学会了以阳光心态面对人生，用感恩情怀融入社会，主动为自己创造各种机会。用他的话说，就是自己去创造奇迹。

他用自强不息书写的精彩人生更加令人不可思议。他不仅拥有会计与财务规划、地产双学士学位，而且创办了"没有四肢的生命"国际公益组织，自任总裁兼首席执行官。他还出版了励志DVD《生命更大的目标》《神采飞扬》和自传体励志书籍《人生不设限》。

他永不言弃的精神给无数人带去光明的希望、前行的勇气和力量。他的传奇让人们对"心有多远，就能走多远"有了更真切的体会。

不给自己的人生设限，勇敢地去追逐属于自己的梦想，生活就会焕发出不一样的精彩。

12

接纳生活中的不完美

天有阴晴，月有圆缺，年有四季，花开花谢，潮起潮落。真正完美的人生只是人们对于人生乌托邦的幻想，客观世界里，我们只能做到尽量完善自己的人生，对于人生的种种遗憾给予接纳和理解。

从孩童到年老，人生经历多个阶段。有学业工作、事业爱情、婚姻家庭、健康财富等诸多方面，这诸多方面便会有诸多的遗憾和不尽人意的地方，不完美的事情有时候不是好与坏的争执，更多的是好与好之间的抉择，善与善之间的较量。比如你刚刚接到两份工作录用通知，其中一份工作工资比较高，生活稳定；另一份工作虽然工资不高，也不稳定，但却是你一直想做的……诸如这样的事情实在是太多了，生活中不尽如人意的地方也实在是太多了。

面对这样的困境，大多时候，我们无力改变。抱怨、悔恨、沮丧都是无济于事的，唯有勇敢面对，唯有心底里从容地接纳这一切，以宽容的心态面对生活中的困难，转换角度去思考问题，才会发现不一样的精彩。

接纳不完美是一种崇高的人生境界。生活中常有不尽人意的地方，我们自身多多少少也会存在缺陷，一味地盯着那些不如意和缺陷，无疑是在放大这些痛苦。只有勇于接纳不完美，才能打开自己的心结，让自己的心态完美起来。

有一个女生嗓音粗犷，十分像男生，她一直羡慕其他女生清脆悦耳的嗓音，由于太厌恶自己的声音，她能不说话就不说话。后来她看了一些音乐选秀节目，发现有和自己一样嗓音与性别不相符的人，但那些选手和常人一样生活，还唱反串歌曲，过得很快乐。她自此不再嫌弃自己的嗓音，开始热情地与人交谈，朋友慢慢多了起来，她的生活也快乐了许多。

就像我们赞美月圆也接受月缺一样。其实，月圆月缺也只是受我们有限的视觉感受的欺骗，即我们所处的时间与位置的不同而已，它本来就是同一个月亮啊，对于完美人生的认识不也是同样的道理吗？只是人生道路的波澜起伏和阶段变化而已。给自己信心，给自己力量，不断地完善自我，不懈地追求完美，心平气和地接纳不完美的人生。

打倒你的不是挫折，而是心态

心态，是我们唯一可以掌控的东西，让自己快乐，还是让自己忧伤；让自己努力，还是让自己放弃；让自己宽容，还是让自己狭隘，都完全取决于我们自己的心态。

如果以玩世不恭、懒懒散散的心态处世，你的人生必定是消极的，不论什么事情都很难做好。相反，如果你以饱满的热情，以精益求精的态度做事，也必将会收到最高的回报。

朝自己所乐于追求的方向去追求，不必抱怨环境，也无须羡慕别人。生命本没有什么意义，你给它注入什么意义，它就有什么意义。每一个人的生活都有不同的颜色，你给它装扮什么颜色，它就会有什么颜色，我们需要做的，就是全心地付出。

有一句老话："一朝被蛇咬，十年怕井绳。"这句话，是对一个人心态最好的表述。很多遭受了挫折的人，最后往往彻底放弃努力，走向潦倒、颓废，一蹶不振。其实，这个时候，打倒他的，并不是挫折本身，而是心态。

有人总是沉湎在自己曾经失败的过往当中不能自拔。其实，换个角度想，你所有做过的事情，不论是成功的还是失败的，都是你人生的一段经历，都是生命中不可缺少的重要的经验和财富。如果能想明白这些，你的心境必然豁然开朗，世界所有的窗口都会为你敞开。

如果具有了这样的心态，你会发现，世界上最可靠的人，最可以依赖的人，不是别人，就是你自己。而且，你自己，与那些原来你羡慕甚至崇拜的人，并无本质的区别。你也完全可以依靠自己的力量，到达理想的彼岸。

心态对了，状态才能对。这句话说得一点也不为过，好事或是坏事，皆由你的心态决定。在你做决定之前先调整好自己的内心，学会取舍，珍惜现在。就如泰戈尔所说的：如果你因失去太阳而流泪，那你也会失去群星。不管做什么，成熟稳健的心态是最重要的前提。

14

不断突破旧的格局，就是成长

有这样一句谚语：再大的烙饼也大不过烙它的锅。我们所希望的未来就好像这张大饼一样，是否能烙出满意的"大饼"，完全取决于烙它的那口"锅"——这就是所谓的"格局"。格局就是指一个人的眼光、胸襟、胆识等心理要素。

于丹说得好：成长问题关键在于自己给自己建立生命格局。

拥有大格局者，有开阔的心胸，不会因环境的不利而妄自菲薄，更不会因为能力不足而自暴自弃；拥有小格局者，往往会因为生活的不如意而怨天尤人，因为一点小的挫折就一筹莫展，看待问题的时候常常是一叶障目不见泰山，最终成为碌碌无为的人。

突破旧的格局，首先要有打破原来生活的勇气，然后建立起新的习惯加以代替。假如你想养成读书的习惯，不妨找一个固定的时间，比如晚上的八点到十点之间，在这个时间段内什么也不做，就是专心致志地读书，相信一个月后，不用别人督促，在这个时间段你也会安安静静地看书的。生活中的绝大多数事都是如此，打破成规，才会有新的可能。

突破旧有格局，想成就一番事业，还需要有远大的志向。立志对人生有重大的意义，一个人的目光和行为很容易被当下所处的环境限制，比如说一个花匠肯定每天都在想着怎样才能把花养得更好，平日里也是围着花打转，一旦一个人有了远大的志向，他的精神就跳出了环境的限制，所作所为也会服务于理想。

范仲淹少时只是一个普通的寒窗学子，同窗纷纷立志要考进士做大官，他却在博通儒家经典的要义后，立志要"兼济天下"。他做官后，提出很多改革措施，主导了庆历新政，使之成为王安石变法的前奏。他写下了千古名句"先天下之忧而忧，后天下之乐而乐"，这也是他做事原则的写照。或许，早在他树立远大的志向时，他就超越了很多人，也打破了读书力求做官的旧格局，让自己拥有了创新的眼光，更为社会带来了巨大的变革。

最后，要有改变的决心，并持之以恒地坚持下去。旧格局是人们已经习惯了的，它会束缚我们，有些人想要改变，却会臣服于惯性的力量。所以，在我们突破旧格局的过程中，要带着勇气之剑，要以志向为指导，还要怀有改变的决心，如此才能一路披荆斩棘，向着新的人生进发。

15

知足，才能常乐

"知足者常乐"，对自己知足，就是对自己的优点能够欣赏，对自己的缺点能够包容；对别人知足，就是能够接纳别人的缺点，赞赏别人的优点；对生活知足，就是对生活中抱有美好的期望，能够善待每一天。

知足是一种积极向上的心态，它让人对世界的美与爱的可能性、知识的魔法充满感激和谦卑，它是一种积极昂扬的生活态度。

人生想收获幸福，并非那么难，只是很多时候我们容易把它复杂化，让幸福看起来遥不可及。想要幸福首先要喜欢自己。盲目自大自尊，是骄傲无知的人生；一味自暴自弃，是消极悲观的人生。这两种态度都是不健康的。拥有健康恰当的自尊心理的人，面对挫折会表现得格外坚强。不会因外界的诱惑而丢失自我，不会因一时的挫折否定自己，而是会客观冷静地评价自己。

接纳别人，幸福就会环绕在你身边。水至清则无鱼，人至察则无友。与朋友亲人相处要能够包容他们的缺点，欣赏他们的优点。不知足的人会挑剔别人，很容易使双方无法友好相处；知足的人会肯定别人，让彼此间关系融洽。用恶的眼光看世界，世界无处不是残破的，用善的眼光看世界，世界总有可爱之处。

想知足，就要使自己每天的生活充实起来。把每一天过好是最大的幸福，快乐源于每天的感觉良好，总忧虑明天的风险，总抹不去昨天的阴影，今天的生活也不会如意。任何不切实际的东西，都是痛苦之源，生命的最大杀手是忧愁和焦虑，痛苦源于不充实，生活充实就不会胡思乱想。

愉悦的心情是自己创造的。一般人总是将人生的愉悦，依附于别人的眼光里，寄托在地位、财产，以及待遇、名誉等东西上，对他们而言，一旦失去这些，便是沉重的打击，常会痛不欲生，其幸福和快乐的根基也随之毁灭。殊不知，幸福的生活永远都掌握在自己的手里，自己才是自己人生的主角。

感觉幸福就是幸福。许多人都在刻意追求所谓的幸福，在追求的途中陷入了追求金钱、地位的沼泽。其实，幸福与金钱、地位、房、车的关系很小，它就是一种发自内心的感觉，与人的心境、心态密切相关。而知足就是通向幸福的快车道。

16

生活的智者，懂得感恩与分享

生活的智者是懂得感恩和分享的，他们知道快乐、幸福和喜悦越分享越多。

有位老禅师在院子里种下了一株菊花。菊花不断繁衍，三年过去了，满院菊花飘香，哪怕是在山下的村子里，也可以闻到那沁人心脾的香味。来禅院的信徒们在看到大朵大朵的菊花时，都由衷地赞叹："好美的花儿啊！"

有一天，有人忍不住开口向老禅师讨要菊花，想种在自家院子里，老禅师答应了。他亲自动手挑选开得最鲜、枝叶最粗的几株，挖出来让那个人带走。这消息传播得很快，前来要花的人越来越多，老禅师全都应允了。这样一来，没过几天，满院的菊花就都被送出去了。

弟子们看着院子里空空的土地，忍不住说："真可惜了！这里本来应该是满院的菊花。"

老禅师微笑着说："可是，你想想，这样不是更好吗？因为以后就会是满村菊香了啊！"

"满村菊香！"弟子们听师父这么一说，脸上立刻浮现出笑容。

老禅师说："美好的事物与别人一起分享，每个人都能感受到这种幸福；即使自己一无所有了，心里也是幸福的啊，因为这时我们才真正拥有了幸福。"

"一枝独秀不是春，百花齐放春满园"，老禅师将一院菊花与村民们分享，待到来年秋天，整个村子笼罩在菊香之中，人人喜气洋洋，老禅师心中的快乐也会增加很多。

真正的幸福不仅仅是自己心里的幸福，幸福需要分享，分享可以让一个人的幸福变成一群人的幸福。当你看到别人脸上洋溢的笑容时，你就会体会到，其实与别人分享幸福比独自占有幸福更幸福！人往往在与别人分享自己的幸福的时候，能获得更多的幸福，幸福不会越分越少，只会越分越多。

懂得感恩的人会乐于分享，分享会使他们得到由衷的快乐。其实，常怀感恩之心，更容易感受到来自别人的善意，体会到别人对自己的付出，在这样的情况下，自然要投之以桃报之以李，多和别人分享就成了一件水到渠成的事。比如说，感恩父母对自己的养育之恩，就会把自己的收入拿出来赡养他们；感恩朋友的陪伴，就想与他们分享生活中美好的事物。而当我们与他人分享美好后，别人也会产生感激之情，对我们更好。人与人之间的关系和睦了，自己的幸福指数自然会不断上升。

17

对挫折的反思会让你快速成长

在漫长的人生中，我们会遭遇各种挫折和失败，陷入许多意想不到的困境之中。这时，请不要轻易给自己下结论，更不要轻言放弃。只要心头那个希望之火永不熄灭，并不断努力去拼搏，哪怕是面临绝望的境地，那么再坚持一下，再奋斗一下，可能很快就会走出人生困境，就会柳暗花明。

很多经历过重大人生挫折的人在恢复之后都变得比以前更加坚强，那些和死神擦肩而过的人，更能懂得生命的意义。因此，挫折在很多时候是一种磨炼我们人生观、世界观的最佳方式。心理学界已经发现，一个人在15岁到25岁之间经历挫折是一件非常好的事情，经历一些重大事情，并解决这些重大事情，能够帮助他们更快速地成长。

但值得强调的是，挫折本身并不能帮助一个人的成长，而是对挫折、困难的处理方式、思考及反思可以让一个人快速成长。

高晓松的母亲多年前赠予他一句话，"生活不止眼前的苟且，还有诗和远方"，这句话激励高晓松不断前行，被他编入歌曲后，更成了大众在困境中经常说的一句话。"眼前的苟且"有很多，比如创业失败、惨遭裁员等，人们可以被这些问题打败，突然不知所措或者一片茫然，但反应过来后就要反击，不努力拼搏奋力反击的话，就等于自己被打倒了，倒下的人只能躺在原地，如何到达"诗和远方"？

对于幼年期的小象，驯象员会在地上嵌入一根木棍，用铁锁链将小象与木棍连接起来。小象尝试了一次又一次，都无法挣脱，便放弃了。当小象长成大象时，明明有足够的力量拔出木棍，却因为惯性思维不作为，任由自己被木棍束缚。可以说，小象被木棍"打倒"了，失去了挣扎的勇气。被打倒是一件可怕的事，我们不能重蹈小象的覆辙，无论在什么样的困境中，都要怀有勇气。

出色的人生总是伴随着失败和挫折，跌倒并不可怕，可怕的是一蹶不振、偃旗息鼓。因为一次跌倒而拒绝爬起来继续上路，会错过太多的人生美景。要知道，跌倒不过是下一次腾飞的开始。

奇美集团的董事长许文龙说："跌倒了不必急着站起来，四周找找看有什么可以捡的，再站起来！"此言确实不错。人生的顺境、逆境，对于一个有智慧的人来说都是宝贵的经历。

人生最大的敌人是自己，只有敢于承认失败，敢于从头再来，才能最终战胜自己，战胜命运。

18

听别人的意见，走自己的路

在生活中我们经常会听到一些成功学大师的格言，或者来自于父母、长辈的谆谆教导，但是道路终究是要我们自己走的，没有谁能够代替你走完这一生。相信自己，不为他人所左右是很重要的。

青年作家独木舟是一个热爱写作的女子，在刚开始从事写作时，最先知道的是她的朋友，他们一开始很支持她，给了她不少鼓励和帮助。但当她在写作方面有了一定的成就，决定以写作为主业而脱离一般的人生轨迹的时候，赞同的人就有所减少了。很多人以"为你好"为理由来苦口婆心地劝阻她，甚至她的母亲也希望她有一份固定工作，走上"人生的正轨"。这个时候，她坚持了自己的主见，决定自己要走写作这条路，并发表了越来越多的作品。

是要稳定的工作，还是要一份自己喜欢的工作？是考研，还是工作？人生之中面临这样纠结的事情实在是太多了，而在这种时刻，总会有很多人给你一些建议，而这些建议往往是从他们的角度出发，这个时候，矛盾也就产生了，这些声音在耳边荡来荡去，挥之不去，迷茫和焦虑也就无法避免。

然而，这种对未来的迷茫和不知所措是很正常的，这也是我们思考的结果。不思考的人不会迷茫。遇到这种问题，也并非难以解决。认真去想一下五年后的自己或是十年后的自己，问问自己想要怎样的生活，你可能就会做出决断了。

相信自己的人，会更有责任感，是对自己人生负责的人。当面临问题时，如果一个人直接听从别人的意见，那么如果别人的意见是错误的，就会让局面变得更加糟糕，很难保证这个人不会在心里埋怨别人，甚至把责任推到别人身上去。而凡事自己做决定的人，他对自己有信心，哪怕局面恶化了，他也会一力承担，怀着强烈的自信，勇敢地去解决问题。

当然，我们也不能完全不顾旁人的想法。正所谓"听别人的意见，走自己的路"。别人的意见，尤其是父母的意见，他们都是为你好的，这些意见应该听取，但更重要的是你要做的就是遵循自己的内心，把自己的想法与他们进行充分和有效的沟通，勇敢地走自己的路，并为自己的选择承担相应的责任。

19

缺少意义的工作，必然是无趣的

要想做好事业，除了单纯的热爱，还需要具备强烈的实现自我价值的内在驱动力，并找到工作的崇高意义以满足自我实现的需求。

实现自我价值，马斯洛认为这是人类的最高需求，当金钱与地位都无法满足对于成就感的要求时，人们就会开始考虑，如何实现自我价值。

正如乔布斯自己所说的"活着就是为了改变世界"，苹果公司能改变世界，是因为它一开始的目标就是帮助人们更有创造性地生活。

曾任苹果公司首席宣传官的盖伊·川崎说："整个 Mac 部门都分享着'Mac 之梦想'，那就是让更多的人用上计算机，让他们的生活更丰富更有创造性。这也是我们改变世界的一步。我们怀揣着用计算机改变世界的信念，早已习惯了每周工作 90 个小时。但必须承认给乔布斯干活也是一种极大的快乐。"

可见，当因为工作本身而热爱工作的时候，就会对公司更加尽职尽责。

身为职场的一名员工，只有在工作中寻找到乐趣，认识到工作的意义，并保持一颗热爱之心，才能在工作中不断地探索和求新，从而提高自身的工作能力，最终取得辉煌的成就，并成为职场中的佼佼者。

工作是一个人幸福和快乐的源泉之一。卡尔文·库基说过，"人生真正的快乐不是无忧无虑，不是去享受，这样的快乐是短暂的。缺少一份有意义的工作，你就无法领略到真正的快乐"。

那么，我们怎样才能让自己寻找到一份有意义的工作呢？很重要的一点是让自己有大思想。有大思想，才有大事业。智者先行一步，愚者十年难追。思想与成功是密不可分的，有多大的思想，就有多大的事业。

一个人要想成就一番大事业，必须树立远大的理想和抱负，有广阔的视野，不追求一朝一夕的成功，耐得住寂寞和清贫，按照既定的目标，坚持下去，到最后，你一定会获得成功，对社会做出贡献。

内心平静的力量

在生活中，每个人都会遇到这样或那样的困难，但为什么有些人能够坦然面对，冷静地处理问题；有些人却耿耿于怀，被一时的困难捆住手脚。关键就在于：是否能够做到心平气和，用平和的心态对待奋斗过程中所遇到的挫折。

所谓心平，就是心灵能量平稳地输出和输入，没有心理逆转、没有跳闸、没有短路，也没有接触不良。所谓气和，就是心灵能量稳定之后，所释放出来的明亮而祥和的气场。这种气场具有强烈的亲和力与吸引力。它让你在职场中拥有良好的人脉和更长久的奋斗动力。

乔布斯说："专注和简单一直是我的秘诀之一。"简单可能比复杂更难做到，简单需要你理清思路，对自己目前的状况有深刻的了解。内心平静的力量非常大，它让你拥有撼动山河的持久力。乔布斯还说："佛教中有一句话——初学者的心态。拥有初学者的心态是一件了不起的事情。"初学者的心态来自于没有成见的简单的心灵。如果有了成见，心灵变得复杂起来，人对于所做的事情就会有过于复杂的判断。

内心平静不是一件容易的事情，它意味着心灵之中没有心结，心灵能量能够顺畅地流动。如此一来，循环往复的心灵能量就会释放出明亮而强大的气场。

每一个成功的人，内心的力量一定很强大。那些好运连连的人多少都有些天真，他们都是内心淡定的人。在好运来临的时候，他们能够把握住，并且坚持走下去，最后取得了成功。

真正的好运往往披着一层外衣，它不像买彩票中了大奖那样直接，而可能只是一个发展的方向，这些很难直接给你带来收益。想把这种好运转换为成功，还需要你长时间的坚持和相信，内心平静坦然，不为外界所打扰，好运才能成为真正的好运。

保持内心的平静其实很简单，我们不妨向下面这位老太太学习一下。

纽约街头的一位老太太穿得相当破旧，身体看上去也很虚弱，但脸上满是喜悦。有人问她："为什么你看起来很高兴？""为什么不呢？一切都这么美好。"老太太回答。"您有什么秘诀呢？"老太太说："耶稣被钉在十字架上的时候，那是全世界最糟糕的一天，可三天后就是复活节。所以，当我遇到不幸时，就会等待三天，一切就恢复正常了。"

"等待三天"，这是一颗多么天真而又不平凡的想法。

21

从内而外，自信起来

在面试时，对于两个能力不相上下的面试者，面试官往往更倾向于录取那个表现十分自信的人。因为拥有自信的人，生活态度会比较乐观向上，在工作中遇到困难时，也会积极进取。而有的人，明明具有实力，却总是怀疑自己的能力，不会展示自己的优点长处，以至白白错过了很多机会。而现在的时代，不是人人都有识得千里马的慧眼，更需要有能力者毛遂自荐。所以，塑造自信就成了一件重要的事。

"人靠衣裳马靠鞍"，对于自卑的人来说，穿上得体的衣物会增加自己的自信心。购置衣物时一定要挑选适合自己的，合身得体、简洁大方就可以，不必购买过于昂贵的。外出时，一定要保证自己的衣物是整洁的。另外，只有做到形体的自信，才能把衣服穿出气质来。

形体的自信是一种整体性效应，除了行为举止还包括面部神情、站立的姿势，目光的运用等。与别人说话时挺胸直立，会显示出人格的尊严，也是尊重对方的表示，而靠着墙或桌子，颓然地面对别人，不光自己无精打采，对方也会觉得索然寡味。消极的、不正确的形体姿态会妨碍正常有效的人际交往，也不利于自身的信心表达，只有充满自信的形体和语言，才会引人注意，受人尊重，进而达到好的人际互动。

当一个人的外表看起来充满自信后，他的行事态度也要体现出进取性。首先，要清晰地明白自己擅长什么，可以做好什么。然后，当别人遇到这类问题时，就大大方方地帮助解决，相信在被别人夸赞后，信心又会多一点。最后，可以为自己列一张计划表，充分安排自己的时间，保证做事时从容不迫，没了急迫感，自己的生活就尽在掌握之中。

想要塑造自信，还需要在内心深处有一点傲气。而傲气的来源之一就是自己在某方面有过人的实力，这就要求不断地充实自己，提高自己的能力。另一个来源就是自己品行高洁，不做亏心事，行得正坐得端，身正不怕影子斜。

当一个人腰板笔直，衣着得体，品行高洁，在生活中不断进取，能力又出众，那么他一定拥有了自信，不再需要从别人那里寻找安全感，因为心里的阳光足以温暖自己。

第二章

积极领导成就正能量团队——不消极的管理心态

01

柔性管理，更加人性化的管理方向

企业的管理既可以凭借制度约束、纪律监督，甚至是惩处、强迫等刚性管理，也可以依靠激励、感召、启发、诱导等柔性管理。刚性管理是指根据成文的规章制度，依靠组织职权进行程式化管理；而柔性管理则是依据组织的共同价值观和文化、精神氛围进行的人格化管理。

一般来说，刚性管理是"以规章制度为中心"，管理方式具有浓重的强制性色彩，而柔性管理则"以人为中心"，管理方式有着突出的人性化特点。柔性管理不会用强制性的规章制度约束员工，它的人性化，能产生润物细无声的效果，让员工心悦诚服，自觉地用行动践行组织要求。柔性管理能够以自己的独到之处，成就刚性效果。

与其他管理方式相比，柔性管理有两条显著特征。

第一，柔性管理具有强烈的内在驱动性。有一个小故事，说的是太阳与大风比赛，看谁能让行人身上的衣服掉下来。大风想自己风力强劲，一定能把衣服刮掉，于是大风呼啸，但寒风乍起，行人纷纷裹紧了衣服。该太阳出手了，它将阳光播撒人间，温度升高了，行人觉得暖洋洋的，就自动脱掉了衣服。毫无疑问，太阳获胜。柔性管理方式就好比太阳，能让员工在感受到温暖的同时，自觉主动地遵守公司规定。常言道："滴水之恩，涌泉相报。"当员工被一家公司温柔对待时，他会怀着感恩的心态，拿出被柔性管理所激发的主动性、内在潜力和创造精神，以此为动力，必能在工作上更加尽职尽责。

第二，柔性管理所导致的影响具有持久性。人都有惰性，在严苛的规章制度的重压下，员工很可能会尽量遵守，工作也没有大问题。而柔性管理的力度比较绵柔，它的管理效果一开始会不尽如人意，员工也不会在短时间内把外在的规定转变为内心的承诺，并体现在自主行动上。这时候，就需要给员工一段转化的时间，柔性管理是慢慢渗透进员工内心的，再加上有人迟钝有人敏感，各个地方历史文化传统和社会风气也不同，每位员工被柔性管理所影响的时间也就有早有晚。然而一旦员工被打动，他对公司的认同感和忠诚度就会更上一层楼，柔性管理强大而持久的影响力也会在日后的工作中展露无遗。

柔性管理可以让人的智力活动更加活跃，这一点对于从事创造性工作的人来说，尤是如此。比如说，让一个画家在一小时之内画幅画，画家肯定能画出来，但那些传世名画，大多都是画家们心有所感、灵感突袭时画出来的。每个员工的身体里都蕴藏着巨大的潜力，柔性管理给予他们发挥的空间，激发他们的工作热情，员工会创造出更大的价值。

柔性管理具有众多优点，值得企业管理人员学习、运用。但这并不代表刚性管理一无是处，在某些情况下，刚柔并济、双管齐下能收到特殊的良好效果。简单来说，企业不能没有柔性管理作为企业文化，但也不能缺少用规章制度来约束员工的刚性管理工作法，二者相结合，奖惩得当，张弛有度，互为表里，才能让管理效益最大化。

以同理心关注员工需求

众所周知，只有当员工的需求得到满足之后，才能更好地为公司工作，更充分地发挥自己的才能，为公司创造出更大的价值。因此，管理者是否善于运用同理心来关注员工的需求，就成为管理者一项重要的能力。

有一家公司曾被日本总公司检查出三百多项产品不合格需要大力改善，这种情况让厂内所有员工都神经紧绷，无所适从。这时的厂长是一位非常正能量的人，他想尽办法引导员工将负面情绪转成正向能量，每天鼓励他们、分工合作，最后竟在短短两三个月之内就把所有问题都解决了。等到总公司再次来视察时，对结果非常满意，并将这家子公司的事例作为案例来分享给世界各分公司。

这位厂长是一位有同理心的人，他非常善于关注员工需求，他说："自己好是不够的，要让周遭的人一起好，才是真好。"他一直抱持这样的理念，在跟主管级干部沟通时，也以此勉励他们："让部属和你一样好，才是好主管。因此遇到难关时，总能带领员工一起渡过。"

具有同理心的管理者，亲和力指数也都比较高，能够获得员工的支持与信赖。某公司有硬性规定，基层职工轮流加班。但总有一些人晚上有事，不想加班，而另一些人因为养家压力大，希望能够多加班、赚钱。主管叶荣偶然间听见员工抱怨加班后，决定与上司协商加班制度，希望能够在维护公司利益的前提下，为员工谋取福利。之后，加班改革方案推出，有事要忙的可以不加班，加班的多发工资，叶荣又与底下员工进行了充分的交流，员工们心情舒畅，工作也做得更有质量了。叶荣很能为员工考虑，知道员工有什么需求，都尽力帮助解决，因此在公司有了良好的口碑，她所带的团队也往往能够取得优异的业务成绩。之后叶荣也因此得以升职。

作为一个管理者，发布指令时多为员工着想，就会提升员工凝聚力，员工尽心尽力做事，公司在市场上也就更具有竞争力。

管理者怎样做，很大程度上会影响员工的行为。这种影响会在公司内部形成一种公司文化，深刻地影响公司管理的效率和企业盈亏的情况。但假如管理者能够和员工共进退，站在他们的角度关心问题，思考解决的方案，这样，员工自然会站在企业发展的角度为公司服务，因为只有真心实意地为大家，大家才会真心实意地回报你。

没有团队精神的企业，没有生命力

衡量一个企业是否有生命力，关键还是要看这个企业是否有团队精神，企业的员工是否具有团队意识，没有"团队精神"的企业，一切美好的想法和愿望都将成为"零"；没有团队意识的员工，无论学识有多高、技术有多精、学历有多深，都很难有最大的发挥。集体对于个人的作用不言而喻，没有人是一座孤岛，也很难在完全脱离集体的情况下做出一番事业。因此，企业的管理者应该为员工创造一个心灵的皈依处，让他们的才智能够充分发挥出来。那么，作为管理者，该如何在团队建设中建立起"团队精神"，发挥出集体力量的巨大作用呢？

第一，时刻关注而不是时刻干预团队的发展。一个优秀的团队管理者应该体现的素养是"上知下行"，团队管理者要经常与同事交谈，要让他们对正在从事的事情乐在其中，给予他们充分施展才华的空间，针对不同员工设计不同的培养计划。事实上，很多企业的规章制度让一些骨干产生了被捆住手脚的感觉，在这种情况下，他们只好寻找能够施展自己才华的公司。

第二，分清领导者意愿和团队规则的界限。当管理者认为改变团队规则非常必要时，那就让你的团队清楚，向他们解释原因，让团队成员参与，至少要让人明白你为什么要这样做。最重要的是，让团队成员看到改变团队规则后的未来。

第三，让你的团队明白他们正在做的事情的目的是什么。不论是谁，都希望自己所做的事情有意义。让员工明白自己所做的事情是一件非常重要的事情。

第四，尊重并信任团队同事。尊重不仅仅意味着礼貌，尊重还意味"己所不欲，勿施于人"。作为一个普通员工，当自己在办公室加班时，如果自己的上司也在"共同作战"，感觉要好得多。

个人的发展很大程度上是在集体的舞台上完成的，作为领导者，最重要的是为每一位员工创造一个能够发挥其才能的舞台，让他们在上面尽情展示自己。作为普通的员工，要尽力将自己的才华与公司的发展联系在一起，在大方向正确的情况下努力，成功也会来得快一些。

04

不断追求卓越，才能不断进步

有没有听过一句话：人是训练出来的，人才是折磨出来的，老板是折腾出来的，大老板是挣扎出来的。这句话的意思很简单，没有一个人可以不努力就能成功，追求卓越，把自己重新抛回给自己，认识到自己的优缺点，才能更快地进步。

追求卓越，不要害怕，坚定自己的信念，从苦难中脱胎换骨，你会发现一个更优秀的自己。失败并不可怕，但如果不能感悟到为什么会失败，并从中吸取教训，那失败便是一个没有意义的失败。

常常看到一些人在成长的过程中遇到非常大的挫折和损失，当他们从这些磨难中走出来时，就会变得更加坚强有力量。追求卓越很多时候是一个痛苦的过程，但也只有在痛苦中才能学习到知识，才能成长，让以后不痛苦。

一块石头想变成一尊佛像，需要经过"千刀万剐"才能成型，人生哪有一帆风顺，失败都是因为我们的"不懂"造成的，最后让自己尽快"懂"和"懂得更多"就行了，所以不应该惧怕困难，要让追求卓越成为提升素养的阶梯。

从蛹变成蝶，是从桎梏变成自由，从消耗变成创造，是一切有价值人生必经的过程。虽然这个过程无比痛苦，但却是不可缺少的。因为这不仅仅是形态的改变，更是生活方式和状态的改变。如果不走出这个已适应了的、舒适的环境，我们就无法去开拓一片全新的天地，书写辉煌的人生。

在追求卓越的过程中，我们首先要明白自己的优点和缺点，这是不容易的。每个人都会无意识地将自己的缺点缩小，将自己的优点放大，在这样的情况下，自省是最好的方式。找到自己的缺点后，制订一些可以实现的小计划加以改变，然后逐步增加改变的范围和深度，最后终将成就最好的自己。

为员工创造参与感与归属感

管理大师杜拉克曾说过：团队的目的，在于促使平凡的人，可以做出不平凡的事。管理者的任务主要是让团队中的每一个人围绕着共同的目标发挥最大潜能，为员工创造积极、高效的工作环境，让员工在企业中有归属感，并帮助他们获得成功。

在企业中，管理者应该赋予员工更多的权利、更大的灵活性和更广阔的空间。让员工尽可能参与到决策中来，员工对决策的参与程度越来越高，他们对企业的责任感和归属感也会越来越强。每个人能够更加积极主动地参与团队工作，自觉地分担压力和困难，工作效率与效益将大大提高。

提高员工的归属感是企业很重要的工作。以下这些建议对你组建优秀团队，提高员工的归属感会有所帮助：

第一，为团队确定合理的目标。合理的目标为团队指明方向，目标应该能够代表团队的意志，获得团队中大多数成员的认可。

第二，为团队掌好舵。作为团队领导者，作为企业管理者，你需要在保持组织活力的同时，确保企业或团队始终朝着一个方向发展，始终不偏离目标。

第三，容许员工犯错。没有人永远不犯错，关键是你要使团队所有员工从错误中获得教训，使之成为一笔"财富"。

第四，尊重员工之间的差异。领导者应充分尊重员工的个体差异，包括他们的性格、信仰、成长背景、家庭背景、价值观及需求。管理者应该有宽广的胸怀，能够坦然接受员工的意见和建议。切忌居高临下，任何时候都不要摆出一副不可侵犯的面孔。

第五，管好你的嘴和手，少插话，少插手。管理者应适时控制自己发表演说和多管"闲事"的欲望，让下属有更多参与的机会和发挥的空间。每个人都很有潜力，如果给他们机会，你会发现，他们往往干得比你期望的还要好。

第六，和员工分享关键信息和成果。分享信息有助于增强团队的向心力和员工的主动性，避免不必要的猜忌，而且还可使员工感受到自己在团队中的重要性，增强其自信心。

倾听不是听见，用耳更要用心

事实上，管理问题很多都是沟通的问题。不会倾听的管理者自然无法与下属进行顺畅地沟通，从而影响了团队的凝聚力，影响管理的效果。倾听，是每一个管理者必须要学会的内容。

倾听，并不一定代表你对对方谈话的认同，它仅表示对对方的尊重。每个人都有表达自己想法的权利。每个管理者都希望自己的讲话能够被下属认真地倾听，同样，每位下属也希望自己的声音能够被自己的上级知道。

倾听不仅仅是"听见"那么简单，它反映了管理者对下属的态度，直接影响着下属对于领导者的看法。倾听不仅仅用耳朵，更要去用心。那么，该如何做到倾听，并收获良好的效果呢？

第一，明白员工的话中之意和目的。各人性格不同，倾诉的方式也就不同，有的员工会很直接地说明意见和目的；有的员工则表达很委婉，所以管理者既要耐心倾听，又要仔细思考，抓住重点。只有弄明白员工究竟对什么有意见，是觉得公司制度不合理，还是与同事不能和睦相处，又或者是想提高待遇等，抓住重点问题，才能给出相应意见。

第二，在倾听时，要换位思考。站在自己的角度，很难真正理解员工的想法，容易对员工产生不满，又如何能够理智地帮助员工解决问题呢？所以，不妨易地而处，从员工的角度出发，思考问题是怎么形成的，又该如何解决。多一分理解，多一分体谅，既能使员工解决问题后踏实工作，又能发现一些公司潜在的问题。

第三，不要打断员工的倾诉。听话要听全，只有完整地听完倾诉，才能大致了解事情的始末。最忌讳的就是在倾听时情绪化，听一半就打断别人的话，"你别说了，这件事应该……"这样会影响员工的心情，打乱他的思路。正确的做法是，在听的时候点点头，或者在员工停顿时接几句话，问"接着呢"，鼓励他把事情都说出来，在听完后，再讨论细节。

第四，言而有信，对自己的承诺要负责。在听完倾诉后，可以说一些安慰的话，让员工的情绪慢慢稳定下来。但说到问题的具体解决方法时，要慎重一些，不许诺做不到的事，否则员工对管理者的信任便会大打折扣。

思索之后给出的解决方案，要记录下来，尽快落实，表达对员工的重视，展现自己的责任心。

07

以"公心"做一切管理

作为管理层，要想真正服务好职工，得到下属的支持、理解和尊重，就应该做到：无论讲什么话、做什么事，必须出于公心。公心怎样体现，就是领导要先行一步，做出表率，突出服务职工这个着力点。

公心是管理者必须恪守的职业准则，尤其是员工的集体任命提拔，要时刻把"公"字放在心中，让那些一心为企业、有创新、坚持原则的员工脱颖而出，公正、公开、公平，职工看在眼里，记在心上，才会干劲十足。

一位管理学家曾经指出：一个组织要成功，关键就是要公正地对待并帮助下属，在用人上有一致性，只有这样他们才会跟你走。只有做到一碗水端平，让下属明白所有员工都是平等的，大家都在一个起跑线上，能否被表扬、被提升，完全在于自己的努力程度，才会使下属确认自己的努力不会白费，从而积极地投入到工作当中。用公平的态度管理下属，有诸多益处。因为公平，下属不会对上司有微词，不会觉得上司在暗箱操作，而会对上司有尊敬之意，上司的命令就容易被高效地执行，上司与下属间也能建立起互信互赢的和谐关系，对双方的工作开展都有帮助。因为公平，公司的各项规章制度都会得到应有的执行，具有应有的震慑力，而不是一纸空文，这有助于员工遵守规矩，使整个公司井井有条地运转。

作为管理者，切不可因个人好恶，对下属有不同的态度。有一个著名的"等距原则"，说的就是上司和每个下属间都应该保持同样的距离。可能有些下属十分能干，或者性格讨人喜欢，就算这样，有好的工作任务时还是要公平分配，让整个团队都从中受益，人心才会齐。对于所有下属，都要执行同样的奖惩制度，这样业务不突出的人也能受到奖赏，从中获得前进的动力。

一个企业，只有风气正，才能走得远。如果管理者做事有失偏颇，做不到公正公平，这会让一部分努力工作的员工心理失衡，心生不满，影响工作完成，工作效果大打折扣。更有一些性情中人，当发现企业风气不正时，会直接跳槽。流失了优秀人才，企业就更难发展壮大了。

用公心管理下属，就事论事也很重要。一个员工搞砸了一笔订单，给公司造成了一些损失，这当然要批评。但之后有机会时，仍然要让这个员工参与。有过者罚，有功者赏，一件事过去了就翻篇了，而不是因为一件事的成败，定格了某个员工的形象。要始终用公心对待下属，出于公心，做事公正，员工才会满意。

能推功，能揽过，管理者才有威信

哈佛大学肯尼迪政治学院的哈斯教授说：要在一个组织内做好，一定要做到三点：推功、揽过和成人之美，而要做到这三点却并非易事，也非常人可以做得到、做得好的。管理者有推功揽过的包容心，会让他在员工面前更有威信。

个人的力量是十分有限的，即便对于位高权重的管理者而言，也很难独立完成一件事情。如果管理者能够有"推功"的平和心态，将更多的功劳分享给团队的成员，组织中的凝聚力就会因为他的谦虚而增强，因为他的磊落而加分。

假如一个团队出了问题，往往涉及其中的很多人。如果一个团队中，出了问题就把责任推给别人，或者别人出了问题就认为和自己无关，这样的团队无疑是缺乏凝聚力的。管理者或者领导者应该做的，就是要勇于承担责任，并将这种"揽过"的精神渗透到每个人的心中，让每个人更加勇敢地担负起团队的错误，成为这个团队的主人，而不是旁观者。

古人云："揽功而推过，不可同谋共事。"在一个单位中，如果一个人出了成绩就自夸"劳苦功高"，出了过错就推脱"毫不知情"，纵然一时可以左右逢源、立功受奖，但时间久了必然会让人厌烦。

《菜根谭》曰：完名美节，不宜独任，分些与人可以远害全身；辱行污名，不宜全推，引些归己可以韬光养德。一个团队因为合作拿了奖，成员不独占美誉，显示出来的是容人雅量；把过失揽到自己身上，体现出厚德载物。

敢于推功揽过的人，必然是一个有大智慧的人。有人可能不理解，不想吃亏：为什么要把功劳给别人？凭什么出了错就得我解决？殊不知，名利其实是包袱，让人负载，不能轻装上阵，悠闲生活。当自己独获一项大的荣誉时，一起工作的人必然会不服气，不如分给众人，人人有光，才能再次愉快合作。而"揽过"这件事，可以减轻同伴的心理压力，使项目保持原有的积极状态进行下去，而且是自己能弥补过失就自己做，弥补不了就大家一起想办法。无论怎样，人心不能散，所以有点推功揽过的包容心是很有必要的。

一个敢于推功揽过的人，容易成为一个团队不可或缺的核心人物，他的领导方式和人格魅力会使其他人更加折服，会使团队具有高度的凝聚力，这种同心同德的团队，一路前进，自然是所向披靡、无坚不摧。

给予情感关注，懂安慰无距离

在管理中，适当地安慰员工会让他们感受到更多的归属感，让他们感受到管理者对他们生活的关心和重视。但是安慰别人需要一定的技巧和方法，否则就会适得其反，原本是好心却造成不好的效果。那么，作为管理者，该如何做到良好的安慰呢？

第一，认真倾听，少开口。有很多人在进行一番淋漓尽致的倾诉后，都表示虽然倾听者没有给出什么好的解决方法，但自己觉得把心里话都说出来了，感觉好了很多。员工也是这样，很多时候说的时候更是寻求安慰，希望上司能够耐心细致地听听自己的心声。一件不算复杂的事，可能员工说着说着就说到了其他话题，这时仍要温柔地聆听，不要急着表达自己的意见，也不要总是开口询问事情的细枝末节。

第二，换位思考，体会对方的感受。每个人的成长经历不一样，经历的磨难也就不一样。当员工忧愁地说自己吃了多少苦、现在有多累时，最怕的就是管理者对这些不以为然，这种态度表明对方根本理解不了自己，自己心里的海啸在对方看来只算一朵浪花，那还有说下去的必要吗？所以，在倾听员工诉苦时，不要急着拿他和自己做对比，尽量地换位思考，想象一下在他的境地，自己会是什么感受。有了同样的感受，双方才容易产生共鸣，才容易深刻地理解对方并看清问题。

在没有理解对方感受之前，千万不能妄下论断。当管理者的评价太过片面时，会让员工心生不服，觉得不被理解，甚至会反驳，出现尴尬局面，而交谈的气氛一旦改变，便难以逆转。

第三，做陪伴者而不是主导者。有些管理者认为：员工来找我讨论问题了，我应该尽快给出一个解决方案，让他别再受心病折磨。这些管理者的出发点是好的，却忽略了一个事实。如果一个人被什么事困扰了很久，依然解决不了，那么他一定思考过很多次，也做过很多努力，但却全都失败了。这时候，管理者要认真倾听员工的诉说，陪他重温这一路上的抗争与失败，让他觉得自己被理解了，不再孤单了。

陪伴本身就是一种安慰，员工需要用诉说来发泄心里的压力。如果管理者执意要做主导者，反而会让员工觉得自己的秘密之地在被人刺探。

第四，默默陪伴，以静制动。默默地听着员工的诉说，员工会觉得你很可靠。这会勾出他的倾诉欲望，一股脑儿地说出心里话，说说自己内心的挣扎和痛苦，抑或者再也找不回来的欢乐。等说完之后，他重温了一遍过去，知道自己还是改变不了，就会慢慢平静下来，重新进行眼前的生活。而管理者的静静陪伴，就如同月光一样温柔，令他心生感激。

懂得安慰员工的管理者一定会受到员工的尊重，管理者和员工的距离更近了，管理也就容易了很多。管理者和员工的关系不再是上下级的关系，更增加了一层朋友的关系、合作的关系。在这样的氛围下，员工也会把公司的事情当作自己的事情来做，工作的效率也自然会提高。

10

将心比心，化解敌对情绪

美国心理学家杰森·道格拉斯指出，职场中 80% 的敌对情绪都可以被克服。在公司中，敌对的情绪一旦产生，就会不由自主地把对方的缺点扩大，并在潜意识里扮演"无辜者"的角色。而对方会很快意识到你的情绪变化，以其人之道还治其人之身。于是，你的抱怨就更多，对方也会显得越来越可憎。

不论是员工还是管理者，都需要有将心比心的能力。对于职员而言，这能力可让同事之间的敌对情绪消除，也为你赢得良好的人际关系。对于管理者而言，能够将心比心地理解员工的需求，以及理解员工为什么对公司有意见，将会赢得他们的信任和忠诚，而这两点对于公司发展来说，都是极为有利的。

如何做到"将心比心"呢？其实非常简单，简单的三句话就能够说明白。

第一句：把自己当成别人。当遇到问题需要做出选择时，把自己当成别人，跳出自己的思维方式，以他人的角度看待问题，会让自己的心态更平和，让自己的头脑更清醒。

第二句：把别人当成自己。这样就可以真正同情别人的不幸，理解别人的需要，而且在别人需要帮助的时候给予恰当的帮助。

第三句：把别人当成别人。要充分尊重每个人的独立性，在任何情形下都不能侵犯他人的核心领地。

总而言之，如果能够灵活运用"将心比心"，多考虑同事和员工的利益和要求，那么就会在职场上游刃有余，无往而不利。

11

以情动人，实行情感激励

在日复一日的工作中，每个职场中人都有可能产生倦怠心理，从而降低工作效率。另外，也有一些人觉得按时完成自己的工作就行了，从来没考虑过要为公司多做一些贡献。如果类似的情况发生了，就说明员工需要一些激励，以刺激那日益下滑的工作热情。俗语说："人非草木，孰能无情。"对员工的激励方法有很多，因为人都是有感情的，所以情感激励法是一种很重要的方法。

所谓情感激励法，就是用情感激励员工，要求管理者做到以情动人、以情感人，以对待家人的态度去对待员工，让员工能够感受到领导的关心与爱护，心甘情愿地信任、追随领导，兢兢业业地对待工作。可以说，这是一件投桃报李、以心换心的事，领导给予员工温暖和感动，员工自然就会努力施展自己的才华，以求回报领导。

在员工犯错误时，与其用生硬的规章制度来强迫员工改正，还不如使用情感激励法，令员工自觉改正。不同的是，前者可能会让员工产生不满心理，因为被惩罚了如果没有心服口服，可能会更无心工作；后者会使员工心服口服，深刻意识到自己的错误，而后以感激的心理开始高效率地工作。曾有一家成立不久的公司，员工们总是迟到早退，在上班时偷偷忙自己的事。虽然公司有相对的惩罚措施，但老板决定以情动人，让员工自省。他召集所有员工于下午三点开会，自己却迟到了十分钟，在开会期间，他又时不时拿出手机玩。眼看员工们烦躁不满起来，他才认真地说："我迟到十分钟，工作期间忙私事，大家都不太高兴。那大家最近的行为又如何？我又该怎么处理呢？请诸位回去认真思考一下，散会。"员工们恍然大悟，从此极少犯错。老板的做法不但提高了员工们的工作积极性，还凝聚了人心。

情感激励可以是多对员工说赞美、激励的话，但领导者必须把员工的需求放在心上，并尽力满足，免除员工的后顾之忧，员工才能把更多的精力放在工作上，才有充分施展才华的机会。例如，某公司的小孙因父亲生病住院而焦虑，想去照顾父亲，但他是一个项目的主要负责人，一时走不开。他更加着急，工作中也出现了几次小错误。领导了解情况后，对项目做了另外的部署和安排，让小孙先去照顾父亲。小孙心中大慰，请假回来后完美地完成了项目。所以，要知人之所需，对症下药，方可以事半功倍。

在当今时代，公司人员流动是一种很正常的现象，这种情况下，对员工的情感投资越多，员工对公司就会越忠心。情感激励法正是情感投资的重要体现，使用得当可加强企业凝聚力，也会让员工拥有充分施展才华的平台。

12

克服"嫉妒"心结，大胆授权人才

在绝大多数情况下，企业经营失败并不是因为缺乏合格的人才，而是因为企业领导不能很好地使用人才。人力资源浪费是企业最大的浪费，善于用人不仅是对管理者的基本要求，也是最基本的责任。很多的领导者不想将自己的权力分出去给别人，害怕别人取代自己的地位，这实际上是非常愚蠢的做法。善于发现人才、任用人才的管理者才能让团队有更好的发展。

广告大师奥格威说：假如我们所用的都是比我们小的人，我们将成为侏儒的公司；但若我们所使用的都是比我们大的人，我们将成为巨人的公司。

作为管理者，你的直接支持对下属的业绩表现是至关重要的。管理者单单是赋予员工责任还远远不够，还必须努力为他们创造良好的工作环境，配置必要的资源，包括与职责对等的权力、财务及人力资源。

不愿授权的管理者总能找到1000个理由，以证明他们这样做是合情合理的。而高明的管理者懂得授权的必要性并深知如何授权，不会把自己累得半死，同时还可获得下属的尊重与合作。更重要的是，他们深知：在工作强度日益加剧及信息量越来越大的今天，不通过分工与授权，根本无法很好地完成工作。

一位高级管理者说："十几年的工作中我获得的一个宝贵经验是：你必须通过别人、通过合作与授权来共同完成工作。"一位资深经理也深有感慨："再能干的经理也不可能三头六臂，时间和精力毕竟有限，如果你偶尔不在其位，或有更重要的事情需要你暂时抽身出来，你就应该让具备能力的下属来代替你发号施令。"

"只有平庸的将，没有无能的兵"。优秀的管理者总能从身边发掘人才并充分发挥他们的潜能，而拙劣的管理者总是抱怨和慨叹无人可用；优秀的管理者带领身边的人才不断走向成功，而拙劣的管理者在慨叹中逐渐走向没落。

不愿意授权给下属的管理者总有一种"嫉妒心"的情节，就是害怕别人的能力逐渐超过自己，从而取代自己的位置。这其实是一种自卑心理在作祟，大胆任用有才能的人不仅不会让你的地位下降，反而会让你在公司中形成自己新的位置，更好地为公司的发展贡献力量。

13

职场矛盾，宜"疏"不宜"堵"

在职场里，同事之间产生矛盾与冲突在所难免，学会化解矛盾也是职场必学功课之一，只有处理好了同事关系，才能不影响工作。但如果这些摩擦和冲突处理不当，就会加深误解，甚至导致彼此间的关系破裂，让自己陷入困境。在解决冲突时，应该对事不对人，尽量控制自己的情绪，缓和气氛，以"疏"化"堵"，才是解决问题的正确办法。

一般情况下，职场中没有人想成为仇人。当意见冲突后，有矛盾的两个人心里都会不坦然，都在期待对方先开口，以缓解尴尬的局面。所以，遇到有隔阂时，如果能够让一步，应及时主动问好，热情打招呼，不但可以消除冲突所造成的阴影，也可以给对方留下一个不计前嫌，大方处世的印象。职场中不必要坚持一份不实在的自尊，如果只因为一时之气而不理睬对方，长期下去会令冲突矛盾像滚雪球般愈滚愈大，令和谐共事更加困难。

如果与自己发生冲突的是下属，作为上级更应该不计较和不争执，冷静地表达观点，避免不必要的冲突和语言暴力。假如双方都情绪激动时，最好停止争论，暂时终止讨论，让气氛平复下来后，再做处理。

一个人职业发展的好坏，很大程度上取决于其周围人际关系是否和谐。但也不要走入误区，如果过分强调人际技巧，也很难获得长足的发展。

在竞争激烈的职场中，和同事产生矛盾不可避免。但是无论怎么样，都要学会去化解，只有这样才能最大限度地为自己营造一个良好的工作环境。学会一些小技巧，比如帮助同事解决一些小的事情，带个饭或是一起购物，这些都会帮助你改善和同事之间的关系。想要在职场中更加游刃有余，和同事的关系是非常重要的因素。而同事之间的关系不是三言两语就能说清楚的，需要你长时间的磨合和维护。

14

有决断力，企业才有未来

在做决策中，既不能盲目地前进，想当然地为所欲为，也不能优柔寡断，贻误商机。在信息时代，面对转瞬即逝的机遇，瞬息万变的市场，合格的管理者更应该具有果敢决断的魄力，并能坚持原则，对遇到的问题做出快速准确的判断。犹豫不决或举棋不定，会使企业失去发展的最佳时机。

作为管理者，培养以下素质对于正确快速地做出决断非常有效：

第一，树立自信心。太多的事例说明，有成就的人都充分信任自己。他们意志坚定，面对艰难险阻时以及外界的种种意见时，不会怀疑、恐惧，而能够充分地相信自己的判断，带领团队向更好的方向发展。不热烈地希求成功、期待成功就很难取得成功。成功的先决条件，就是你的自信心。

第二，承担风险决定。经济市场瞬息万变，竞争激烈，任何人都不敢说自己的决策是没有风险性的。管理者只能在权衡之下，尽力制定风险性较小的决策。但机会都是稍纵即逝的，情况有时候会十分紧急，没有足够的时间让人慢慢做决定。做决策时既忌讳鲁莽冲动，也忌讳举棋不定，两者都会让人错失时机。当机立断是一种很好的做决策的方法，因为机遇经不起拖延，反正决策都是带有风险性的，拖得越久风险越大，不如早点做出决策。而纵观那些优秀的管理者，他们都敢于做出承担风险的决定。

第三，增强忍耐力。决策的实施过程都不是一帆风顺的，会出现一些意想不到的阻力和困难，如果你坚持要把决策实施下去，就必须要增强你的忍耐力。在别人放慢前进的脚步萌生退意时，你要坚持前进；在别人中途折返打道回府时，你还要执行。这很难做到，需要一腔热血和莫大的毅力。但只要你坚持了，不管周围情形有多糟糕，坚持到了最后，那你就能摘取成功的桂冠。

俗语说，无知者也无畏，不知道事情严重性的人，当然可以迅速地给出决策。但身为优秀的管理人员，应当从科学角度出发，而不是盲目的大胆。要想果敢决断地处理事务，就要进行切实的信息采集，综合丰富的知识经验，再用科学思维做出决断。

管理者的决断能力很重要，要有敏锐的判断力，才能准确地分析市场行情，预测接下来的走势。这要求管理者具有较强的独立解决问题的能力，还要从市场行情出发，用自己积累的经验，实事求是地去分析问题，做出决断。不仅如此，在做出决断后，还要坚定不移地付诸实施，不能朝令夕改、半途而废。

15

以身作则，打造团队正能量

所有人都愿意和乐观积极的人相处。当一个人拥有了积极快乐的正能量，就会吸引越来越多的人，也会影响越来越多的人，向其他人传递更多的正能量。

让别人快乐是一种能力，当一个人心情好的时候，很容易做到。但当一个人遇到挫折，就很难保持正能量，这个时候，就要学会去调试自己，保持一种积极、乐观、无所畏惧的人生态度，让正能量留在自己的身边。身为一个团队的领导者，要想打造团队正能量，就要从自己开始。先改变自身，进而可以影响整个团队。

打造正能量的第一步，就是杜绝抱怨，防止负能量产生。当工作遇到不顺时，或者有什么突发危急情况时，人会产生负面情绪，但一定要抑制住，不要想到什么就直接抱怨出来，这会使整个团队的士气变得消沉。想要营造积极向上的团队气氛不容易，但要破坏它却再简单不过，抱怨之语中蕴含的负能量和消极心态，具有极大的杀伤力。

第二步，从自身做起，打造出新的环境来。有一个故事，一个小女孩得到了一件漂亮的小蓝裙，妈妈赶快帮她换上，打扮得光彩照人，随后她觉得家里太过脏乱，便动手将家里收拾得一尘不染；爸爸下班后十分惊奇，认为房子外面比较老旧，就重新修整了一番；邻居们看他家那么干净整洁，纷纷动手清理自己家，最后整条街都变得焕然一新。在工作上也是这样，如果你认为团队气氛消沉，完全可以调整自己，创造正能量，再感染他人。

人可以通过想象法调整自己的心情，当去上班之前，可以展望一下工作圆满结束、庆功时的热烈场面，一定很让人舒适愉悦。怀着热情开始工作，遇到难题也不会气馁。与员工打招呼、交代任务、讨论问题时也要注意面部表情，适当的笑容让大家都安心下来。也可以和大家说一些振奋人心的话语，一扫员工面上的颓势。有一个传播正能量的领导者，团队的精神面貌也会发生改变。

让自己成为一个充满正能量的人，是对整个团队的负责任。俗语说，强将手下无弱兵，要想下属拥有积极的心态，自己必先在行动上积极进取。以身作则，为员工树立学习的标杆，潜移默化，让员工自觉改进自己，团队也就充满正能量了。

第三章

保持一颗平常心——不浮躁的理财心态

01

摆正理财心态

富人之所以是富人，很大一部分原因是因为他们拥有良好的心态，在与普通人竞争时，心态的力量使他们脱颖而出。所以，要想成为富人，首先要学习的不是如何致富的技巧，而是要先具备富人的心态。

有位成功学家曾说过："祈求不会带来财富，但把祈求财富的心态变成坚定的意志，然后用计划明确的办法和手段去获得财富，并以永不言败的坚毅精神坚持这些计划，就会带来财富和成功。"有些人渴望致富，却一直用穷人的思维生活，在他们的心里，致富就是一个遥不可及的梦，缺乏致富的信心，随之而来的是不敢坚持梦想，受到打击就畏缩不前，只能得过且过地生活着。

有一则小故事，两个农夫在田里一边锄地一边闲聊，讨论皇帝的生活有多奢华，一个说："我想皇帝肯定天天白面馍吃到饱！"另一个说："不止不止，我想皇帝肯定下地用的都是金锄头！"由此可见，穷人不知道富人的心理和生活方式是何种模样，眼界狭隘，心态也就受到了限制。思想决定行动，如果普通人给自己贴上平庸的标签，那就很难有所成就。要想创造财富，就要观念先行，人的思想是可以改变的。

心态决定人生，一个人的心态是什么境界，就能到达多高的高度。生活中不乏普通人中了大奖一夜暴富的例子，他们由于运气成了富人，但其中很多人都没能长久地富下去，有些人坐吃山空，有些人挥霍无度，都没能做到让钱生钱、赚更多的钱，最终又变成了普通人。究其原因，一时的好运带来一定的财富，但缺乏富人的心态，目光短浅，不做长远打算，使得财富白白地从手里流走了。

从心理上成为富人，不一定就能迅速致富，但绝对可以加快致富的速度，增大致富的可能性。学习富人的心态，会使你发现很多致富的机会，对财富更加敏锐，更有洞察力。有了富人的心态，你会最大程度地调动自己的一切能量去追求财富，竭力寻找致富良机。当把握住机会后，也不会得意忘形，而是冷静地扩展生意，把事业做大。

02

对财富有渴望，才更有坚持的动力

财富源于野心，有所图才有所行，企图心是人获取财富的先决条件。不管是选择怎样的理财方式，只有带着企图心，并加以执着地行动下去，才能把财理得有声有色。

当你对某一事物的渴望不是那么强烈时，你会很容易地放弃对这种事物的追求，所以说，企图心是执着的必要前提。对金钱的渴望越加强烈，企图心也就越大、越强烈，追求财富的行动才越加执着，才不会轻易地停下追逐财富的脚步。

经调查，亿万富翁在未发财时，对财富的渴望要远远大于普通人，企图心也比较强烈，这就刺激了他们不断努力。想要获得财富，企图心和执着缺一不可，两者相辅相成。有了这些，任何诱惑都不会动摇心中的理想，任何困难都阻挡不了前进的步伐，致富的企图最终会成为现实。

大卫·布朗是"马丁"牌赛车的生产者，而在他幼时，他的父亲却只经营着一间小小的齿轮制造厂。父亲经常要求他到厂里干活，他意识到自己并不想接手齿轮厂，但由于在齿轮业务上积累了经验，他有了生产赛车的企图心。成年后，他投入了所有的积蓄创业，并取得了父亲的帮助，去引进先进的制造技术和设备，聘请专业技术人员，又克服了众多困难，才成立了大卫·布朗公司。所有的付出终于有了回报：在1948年的比利时国际汽车大赛上，"马丁"牌赛车高居榜首，公司有了名气，接到了很多订单，布朗成功地将自己的梦想转化成了现实。

梭罗曾说过：朝你想的方向前进，过你想过的生活，人生的法则也会变得简单，孤独将不再孤独，贫穷将不再贫穷。对于理财者来说，企图心是一种很重要的能量来源，因为有企图心要取得财富，所以要坚持理财；因为有企图心要理财成功，所以会努力拼搏。因为有了企图心的存在，才更容易完成理财的目的。

03

理财不能靠空想，要落实到行动

你坐在原地等再久，幸福也不会被等来；你说无数遍要理财，理财也不会凭空实现，只有亲自行动，将理财落实到行动上，才能真正地实现"钱生钱"这一目的。那么，该如何将理财落实到行动上呢？

理财的第一步，梳理目标，做出初步规划。你不妨想象一下，给自己做一个规划，例如说你近期的理财目标是一顿大餐、一件大衣抑或是一个名牌包。又或者有的人的眼光比较长远，已经考虑到自己结婚时候的一些理财规划。所以在说出"我要理财"这样的呼声的时候，要先好好梳理一下自己的理财目标，这样才会让我们在理财的时候做到心中有数。

第二步，将财富分类，划出一定的财产用于理财。大部分人都是工薪阶层，我们在拿到自己工资的时候，需要把工资划分成一小块一小块，每一块都有自己独特的用处。例如这一部分用来消费、这一部分用来学习、这一部分用来生活，剩下的一部分就用来理财。这样的规划才不会让"我要理财"成为一句空话，也不会出现类似想要理财却拿不出钱的尴尬。

以上两步是要实行"我要理财"这个计划所要具备的两个先决条件。

第三步，选择合适的理财产品，尽力规避风险。理财从点滴做起，从身边的好习惯做起，你的荷包才会越来越鼓。理财是一个长远的过程，当过于追求快速高收益理财时，往往会栽跟头，所以一定要选择稳定一些的理财产品。

第四步，坚持理财，不可半途而废。不管用何种方式理财，创造财富都需要时间，有些人一时兴起去理财，发现收益甚少或者是收益周期较长，就会放弃理财，这种做法极其不明智。还有人在理财中遇到了困难，也会退缩。理财需要时间，是逐渐熟练的，收益也会慢慢增长，所以一定要坚持下去，才能收到较好的效果。

此外，"我要理财"不能只喊口号，没有行动，否则一切都是白谈。只有落实到具体行动上的理财，再加上务实心态，才会让人有所收益。

04

比技巧更重要的平衡心态

很多人在理财时，最注重如何掌握投资的一些技巧，比如：怎样去将手上的资金生利，怎样在股票市场上去挑选合适的股票，怎样利用基金等投资工具，怎样投资房地产或生意等。这样的想法也没错，这是人们潜意识中最表层的想法，要有效地理财，必须了解各样投资工具的特性，然后定下一个整体的计划去实行，但比这些技巧更重要的，是要先有正确的理财心态。

理财心态说起来很简单，但是也很抽象，其根本就是要做到心态平衡。但真正能做得到心态平衡者微乎其微。心态如同"盖房子"时所要打的"地基"，态度不对，即使有再好的理财方法，往往也是徒劳无功，像是没有地基的空中楼阁一般，摇摇欲坠！

理财这件事，急躁不得，也迟钝不得。心态浮躁的人总是急于获利，今天买了一种理财产品，恨不得明天就得到收益，若是达不到自己的预期目标，就会着急上火，听说哪种理财产品好，哪种理财方式收益大，就立马照搬照做，很容易陷入被动。对理财神经迟钝的人，不是他们对理财不上心，而是关注程度不够，理财态度不够积极，往往列出一个理财计划，就一直使用，没有把理财计划完善好。这两类人的心态不够平衡，轻则在理财中获益甚少，重则赔进理财本金。

而心态不够平衡，理财方面就会出现问题。一般来说，理财是投入一些本金，通过购买基金债券等方法获得收益，这种收益大多是稳定的小额收入，也不排除有人不走寻常路，将本金投进特殊产品上，大赚一笔或者赔得血本无归。不管以何种方式理财，都带有一定风险，只是有的风险大，有的风险小。如果选择了风险小的理财方式，收益虽小却稳定，就安心等着财富增多。如果兵行险棋，风险大，就要冷静面对，有所获益就及时收手，想获得更多就坚持下去，但要提前做好大赚或者大赔的心理准备。以上两种假设情况，都需要理财者有一个平和的心态，才能淡定地理财。

理财市场经常发生变化，同一个理财者，在不同时期，理财的结果也不同。这也就要求理财者要有平衡的心态，不因一时得失而心情大起大落，只有走得稳，才能在理财路上走得远。

05

学会合作，讲求共赢

"生活的理想，是为了理想地生活"。如今快节奏的社会生活容易给人们带来错误的认知力，有些人认为金钱至上，这样的心态在人与人之间就会产生不信任和相互猜忌，在企业之间就会形成钩心斗角、尔虞我诈的商业常态，这不是我们想要的理想生活。事实上，合作才能促共赢，共赢心态才是赢得财富的必由之路。

在理财方面，有一个很普遍的现象，那就是理财者与理财师的合作，使双方都从中获益，皆大欢喜。理财者手握本金却不知如何理财最好，而理财师有着丰富的经验，却没有足够多的钱，以这份职业为生。于是双方合作，可以使收益最大化，理财者乐于给理财师分一杯羹，理财师为自己的经验帮助了别人而高兴，正是共赢心态使双方的财富都增加了。

"一个篱笆三个桩，一个好汉三个帮"。与他人合作，可以获得他人的帮助，加强自身实力。更有甚者，好的合作伙伴对彼此来说是可以互补的，经过合作，弥补了双方的短板，双方相互配合，合理分工，用自己的长处处理不同的工作，工作的效率就大大提高了，获得的财富也远远多于一个人单干的报酬。而要想合作愉快，留住好的合作伙伴，共赢心态是必不可少的。

拥有共赢心态的人，擅长与人合作，并得到"一加一大于二"的合作效果。在激烈的市场竞争中，谁都想胜出，合作可以大幅提高双方实力。

追求共赢，也算是与人为善，可以积攒人脉资源，取得一次共赢后，以后双方也会顺利合作，攻克新的难关。反观那些心胸狭隘之人，一味地想维护自己的利益，要么不与人合作，要么就抢占合作者的应得报酬，等于是削减自身竞争力，毁坏自身的名誉，难以发展壮大。追求双赢的人，财富会越攒越多；想独赢的人，却往往事与愿违。

学会合作，讲究共赢，这样才能创造出更多财富，甚至获得意想不到的成果！在财富路上行走的人，如果不会合作，恐怕是寸步难行，只有于原地空怅惘罢了！

06

只懂理论是理财的大忌

提起理财，有些人就滔滔不绝，说自己了解了多少理财知识，认识了多少理财师，听了多少理财讲座……一副无所不知、胸有成竹的样子。但这些人中，有的人是有真本领，将自己的理财进行得有声有色，有些人却理得一团糟，根本无法把那些知识运用起来。只懂理论是理财最为忌讳的一点，心态浮躁又容易频频出错，所以理财要有务实的心理，从实际出发。

当今个人理财的确容易受到高水平、快节奏的社会生活的影响，虽然我们不能像专业的理财师、投资者那样对理财做出完整公正的规划，但是要保持务实的作风，遵循以下几点去正确理财：

第一，分析自身情况，留下各项支出后，用余钱作为理财本金。人与人之间的收入会有所差异，处于不同人生阶段的人要花钱的项目也不同，所以理财的本金也就有多有少。要想理财，先要列清自己的收支清单，摸清自身的财务状况。在经过仔细思考，留下各项开支所需费用，确保自己的生活不会因为理财而出现问题，而后将多出的钱作为本金。

第二，把鸡蛋放在不同的篮子里，使用多种理财方式。除非是把钱放入银行拿利息，或者是用来买国债，其他投资都会有不同程度的风险性。所以，不能把钱全部投进某一单一产品，以避免出现风险，财富大大缩水。采用多种理财方式，进行一段时间后，理财者可从实际收益上得知各种理财方式的特点，进而决定究竟该采用哪些方式。从别处得来的理论总归是浮在空中的，只有进行实践，才能将理论和实际联系在一起，优化自己的理财方法。

第三，冒险需谨慎，务实心态方可驶得万年船。那些能带来高收益的理财方式往往都是高风险的，如果对其有好奇心理，可以尝试一下，但只能投入少量资金，就算亏了也不至于伤筋动骨，要懂得见好就收，太过贪图财富就会适得其反。理财是一件长远的事，心态不稳就会导致行动出错，要随着时间的推移，始终保持务实心态，在不同的时期调整出不同的理财方案。总之，只有从实际出发，才能得到最适合自己的理财方案。

07

盲从是理财的误区

从众是人类行为的一大特征，而盲从的结果会让我们忽略事物的本质，看不到真正的风险。盲从也是个人理财的最大误区之一。

理财是否能取得成功，在很大程度上取决于理财者的个性，也就是不能盲从。有句关于股市的话：当菜市场卖菜的大妈们都开始讨论股票时，最好迅速撤离股市。的确，当大家一窝蜂地投入某种理财时，盛极则衰，原本大好的市场行情会逐渐趋于平稳，甚至大幅度跌落。看到别人理财有收益就不加考虑，直接模仿跟进，或者是依靠别人的经验去理财，很明显是一种冒险的行为。

在理财时要有果决力，果决力指的是要认清自己的盲点，寻找适合自己的理财方向，快、稳、准地出手。不要盲目跟风，如果根本不了解某种理财方式，会存在很多盲点，轻易入手会使自己进不得退不得，丧失主动权。要试着培养自己的经验，多关注世界信息，通过不断地分析，选好理财方式。"快人一步"很重要，有自己的思想便会领先那些盲从者。另一方面还要行事果决，认定某种理财方式有前景后，不能犹犹豫豫地迟缓不前，等其他人开始获益了才跟进，迅速出击，才能抢占先机。

真正会理财的人，会根据自己的目标，客观分析经济周期的阶段，细心筛选理财产品，并果断出击，入手自己最有把握的理财产品。

拒绝盲从，果断出击，方能抢占先机，成就属于自己的辉煌，果决力是在拒绝盲从的基础之上有属于自己的想法，摒弃"前怕狼后怕虎"的心态，迎难而上，是成功理财的先决条件！

拥有自己的想法，不去随波逐流，才会在理财这片大海里发现属于自己的那片贝壳，果断出击，发挥新时代的"亮剑"精神，捡回属于自己的那片独一无二的贝壳！

08

放松心态，赚钱先把钱看轻

"世界上最愚蠢的人，就是自以为聪明的人；同样，最想发财的人，往往也发不了财"。当别人询问马云赚钱的秘诀时，他告诫大家：要想真正发财，要放松心态，先得将钱看轻。

放松心态很重要，就像杂技表演者心态放松时，才能在钢丝上如履平地一样，将钱看轻的人，才能赚到钱。那些太在意金钱的人，脑子里老是想着钱的人，心弦时刻紧绷着的人，迟早会使自己心态失衡而走向失败。

马云曾坦言总想着钱的人不会成功，别人不愿意和这类人做生意。他创建阿里巴巴，初衷就是为了便利民众的生活，他寻找合作者时打出的旗号是"希望能够完善这个组织机构"，从而获得了别人的帮助。可能会有人说，创立企业不就是为了赚钱吗？对此，马云回答说赚钱不是任何企业的目的，而是企业运行的结果。拿理财来说，想要通过理财赚钱前也要先把钱看轻，要注重在这个过程中自己学了多少技巧，积攒了多少经验，不要纠结赚了多少赔了多少。当经验技巧累积到一定程度，成功就是一件水到渠成的事，金钱也就随之而来。

太过看重金钱的人，在金钱方面大多比较吝啬，不舍得花钱。但万事都是有付出才有回报，不舍得花钱给自己充电的人，学习不到好的理财知识，凭着自己的一知半解，又如何能够理财成功呢？心态紧绷的人，过于计较一时得失，目光必定不长远，一遇到坎坷便很难翻过，在理财上做不到游刃有余。

"欲速则不达",太过在乎的事会出现意外,太想得到的东西更是难以如愿以偿。理财也一样,人人都想成为理财高手,从中获得大笔财富,但能做到的只是很少一部分人。而这些人,心态都比较平和,也不会对金钱太过计较。把心态放轻松,选择一种平淡的活法,用从容不迫的态度,滋养出自信和智慧,才更容易获得金钱。把钱看轻,脱离了金钱的桎梏,以平常心待之,才能在理财时保持冷静,用理性的态度选择理财产品,或调整理财方案,取得胜利之果。

09

人可以有欲望,但不能失去自我约束

在理财时,有一点非常重要,就是要进行自我约束,不能陷入贪欲的泥沼里,否则会越陷越深,最终"赔了夫人又折兵"。

欲望是把双刃剑,要正确认识到欲望的双重作用,使之发挥正面作用。人对金钱有欲念是很正常的,对金钱的渴望可以让他们积极寻找机会,采取行动实施方案,离财富越来越近。从理财这件事的背后,也能看到欲望的存在,人们通过理财使自己的财富增多。可以说是欲望促使人前进,但欲望过度,过犹不及,就会与赚钱的目标背道而驰了。

拿炒股来说,很多理财者曾被股市套牢过,有的人被套牢是因为经验不足,判断不出正确的走势;而更多人明明已经掌握技巧,却被贪念冲昏了头脑,觉得走势会接着上升,自己过些时候再出售股票也不迟。而后熊市到来，有人眼见不对，迅速抛售，把损失降到了最小，心有贪念的人还指望股价上升，一直拖着，直到最后被彻底套牢、财富大量缩水时，才悔不当初。

贪欲过盛绝对不是好事，可是很多人都无法控制自己的贪欲，只要有利可图，就寸步不让，完全意识不到利益背后的风险，最后不得不为贪欲付出沉重代价。为了能够理财成功，理财者必须对自我的贪欲进行自我约束。

首先，要牢记高收益与高风险如影随形，万不可因贪图利益，头脑发热买入高风险理财产品。这类产品不是不可以购买，但在资金有限、经不起损失的情况下，最好选择稳健型的产品。其次，不要盲目跟风，不随意更换理财方式。几乎所有的理财方式都是投入的时间越久，利益越多，所以坚持很重要。如果实在想更换更好的理财方式，也要经过仔细考量后再选择，切忌跟着别人的思路走。最后，不要把希望寄托在不切实际的幻想上，踏踏实实理财才是王道。

所以，在理财时，一定不要贪心，贪图越多，越难实现，得到的越少。而对自己进行自我约束，就可以充分发挥贪欲的积极作用，收到较好的效果。

10

保持平常心，淡然面对盈利与亏损

有的人理财多年，却还是伤痕累累。究其原因，就是因为失去了平常心。在理财这个没有硝烟的战场上，心态往往很大程度上决定着理财者最后的成败。太激进的人容易用力过猛，一不小心就栽进了陷阱里；太保守的人又总是瞻前顾后，容易错失良机，倒腾多年也没有什么起色，只有拥有平常心的人，既不会被一时的贪欲蒙蔽双眼，也不会因胆怯而犹豫不前，这样才能稳扎稳打，步步为营。

平常心为很多人所推崇。私人理财客户经理马艳旻总是给客户灌输一个理念——理财要保持一颗平常心。她指出，相比以前，现在投资者已经稳健很多，成熟很多。经历了市场的起起伏伏，很多客户都能对理财这件事保持良好的心态。同时，越来越多的投资者开始关注理财方面的知识，会主动和理财师沟通。即使面对理财产品的暂时浮亏，也能平静面对。这表明，越来越多的理财者拥有了平常心，就多出来了一份淡定与从容。

在理财时，及时收手说起来容易做起来难，总有人担心自己收手的决定是否正确。但在理财出现问题时，及时收手才能止损，看淡某些小损失，才能更好地投入到接下来的理财方案中。无论如何，保持平常心，才能宠辱不惊，淡然面对盈利与亏损。

11

在风险与收益中寻找平衡点

风险和利益相伴相随，尤其是在理财市场上，高风险的理财方式和产品有着特殊的魔力，它背后的巨大利益极具诱惑，它所带的高风险又让人心生恐惧，大多数人对此望而却步，敢于尝试的人要么赚得盆满钵盈，要么赔得血本无归。难道我们就只能选择稳妥的理财方式，不能冒险吗？非也，只要掌握了冒险的诀窍，提高自控力，躲避或降低风险，就能在风险与收益中找到平衡点，获得财富的青睐。

亿万富翁乔治·索罗斯是一个极通投资理财智慧的人，其个人收入在全世界也曾名列榜首。追寻他的致富轨迹，会发现他既有冒险的勇气，又有强大的自控力去规避风险，这两点让他在商海厮杀中屹立于不败之地，获得了惊人的财富。

索罗斯曾在童年时和家人离开故土，过着逃亡生活。在那个特殊时期里，多亏了聪明的父亲，才让家里人躲过了危险。流亡生涯教会了索罗斯如何生存，他将这些经验运用到了理财投资上：他从不怕冒险，不曾胆怯，又谨慎地控制投资金额，从不押上全部身家，而是依据风险的大小，投入一定的资金，并在获得收益后，赶在风险爆发前撤离。

有人曾惊叹于索罗斯投资选择的巧妙：在常人眼里可获利丰厚的机会，他坚持不投资，而事实证明这些机会并没有什么赚头；商人认为风险太高的商机，他则有选择性地出手，取得意想不到的成功。如果索罗斯过于守成，那么他财富增长的速度会十分缓慢；如果索罗斯盲目地冒险，再多的财富也会赔干净。正是他超强的自控力，让他避开了很多风险，赚取了丰厚的财富。

随着经济的快速发展，理财形势日益复杂，名目繁多的理财产品，让人们挑花了眼，不知道用哪种理财方式能使利益最大化。其实，不论理财环境有多灵活，只要提高风险意识，判断清楚后再下手，用自控力抑制发热的头脑，就能够大大降低冒险过程中的风险。

12

耐心规划，罗马不是一天建成的

李嘉诚说过，理财必须花费较长的时间，短时间是看不出效果的。任何一种理财方式都不是立刻就能见到大收益的，理财是在长时间中见效果的，所以理财过程中有良好的心态是必不可少的。耐得住性子才是一个理智的理财者。急于求成是理财中的大忌，以这样的心态理财的人，很可能最后血本无归。

财富是要一点一点积累的，所以投资理财的收益也是一天天"熬"出来的。欲速则不达，理财就是要你修炼滴水穿石、铁杵磨针的耐力，像垂涎欲滴的珍馐佳肴背后绝对是对火候的考究和耐心的等待。所谓"心急吃不了热豆腐"，理财中能稳住才是至关重要的，等待必然不好受，各种市场行情的变化和始料不及的困难挑战都有可能成为你放弃的理由，能在最糟糕的情境中稳住而不心神慌乱的人才有可能成为最后的赢家。那些一心想着"一口吃成胖子"的人，最终往往成为那些看着本来可以进入自己口袋的利益如今进入别人口袋而悔恨的人。耐得住性子并且有坚持之心的人才能成为最后的成功者。

即使你有赚一亿的欲望而你却只有一天的耐心，一切的愿望也只能是幻想。人不能活在"一步登天"的过分贪婪中，所以理财既不能"把鸡蛋放到一个篮子里"，也不能盲目随大流。理财要有计划性，耐心也是在合理的计划下才能保持的。理财不是赌博，所以理财需要提前制订合理的计划，按计划有目标有秩序地理财才会让自己的资金投资更有保障。

王女士和李先生是同事，两个人家境差不多，手头都有些暂时的余钱，于是都打算用这些钱去投资，希望可以赚些钱让家庭更富裕。平日里王女士就是个井井有条的人，所以她投资前早早就认真研究了市场，还制订了投资计划。而李先生却什么也没准备，一心只想着赚大钱，就直接到处询问别人都投资到了哪里，他也就跟着别人的脚步做了投资。一年后双方都有些许收益，但并不高，王女士按计划耐心继续原有的规划，而李先生耐不住性子了，便改变了原有的投资方向又随着别人做了其他投资。就这样几年之后，王女士赚了很多，而李先生却因不停地跟错"部队"而血本无归。

这就是耐心规划与急于求成的区别，事实上人生中有太多的事需要我们耐心去做，急功近利只会带来"揠苗助长"的笑话。理财如吃饭，细嚼慢咽才会身体倍儿棒，狼吞虎咽只会让人消化不良，急于求成的人终会得不偿失。

13

尽早设定清晰的理财目标

千里之行，始于足下；理财计划，始于目标。很多人都曾产生过理财的念头，但却因为没有及时将理财的想法转化为要为之奋斗的理财目标，从而生活照旧，钱财如水流，迟迟不能致富。理财专家指出：理财目标应当早点制定，才能守住财富、创造财富。

只有设定一个清晰的理财目标，人才会为此行动起来，而不是停留在空想层面。有人曾做过一个关于理财目标的研究，目的是为了探明设定理财目标是否会影响人的收益。研究表明，那些只在脑子里设定理财目标的人的收入比没有理财目标的人高一倍，而那些清晰明确地在纸上列出目标的人，收入平均是前两类人收入总和的十倍。可以说，设定合适的理财目标，就是理财成功的第一步。

要想设定理财计划，不妨从以下两点做起。

第一，从实际出发，设定一个务实且具体的理财目标。理财来不得浮夸，必须脚踏实地，如果一开始就制定一个遥不可及的理财目标，在实施过程中，你重压在身，还会从事实情况里受到严重的打击，感受不到丝毫成就感。要综合考虑自己的收支情况，制定切实可行的目标。理财目标要具体化，这会激励我们为之奋斗。比如说，一个想要买房的人，可以制定"两年内赚20万去付房子首付"的目标，如此，一想到自己认真理财就能得到渴望拥有的房子，理财者自会产生源源不断的动力了。

第二，设立长期目标和短期目标，二者结合促使自己坚持理财。一般来说，长期的理财目标实现起来比较困难，因为长期目标比较远大，需要赚很多钱才能实现。而在这个过程中，人们往往舍不得花钱，因为这会直接影响当下生活质量，让人没有幸福感。

有一个世界马拉松冠军说过：每次比赛前，我都会乘车观察路线，画下沿途醒目的标志。比赛时，我就以百米冲刺的速度冲向第一个标志物，然后是第二个……直到终点。长长的赛程被分解为几个小目标，跑起来就会很轻松。这位冠军的比赛经验值得理财者们学习，设立具体的、短期的理财目标，化大为小，有助于我们在理财赛道上取得长远的成功。

14

财富思维需时时创新

著名的心算家阿伯特·卡米洛从来没有算错过题。这一天有人给他出了道题："一辆载着 283 名旅客的火车驶进车站，有 87 人下车，65 人上车；下一站又下去 49 人，上来 112 人；再下一站又下去 37 人，上来 96 人；再再下一站又下去 74 人，上来 69 人；再再再下一站又下去 17 人，上来 23 人……"那人话音刚落，心算大师便脱口而出："小儿科！告诉你，火车上一共还有——""不，"那人拦住他说，"我是请您算出列车一共停了多少站。"阿伯特·卡米洛愣了，这道简单的题难住了他。而他的失败原因，就是他的思维有了定式。

由此可见，一旦人的思维成了定式，很容易栽跟头。理财也是如此，这就要求我们要创新思维，灵活一些，改变自己的陈旧观念。

20 世纪 90 年代初期，上海政府给出一批工厂外迁名额，由于企业都已在市内打下根基，一些企业就拒绝了外迁，而另一些企业却纷纷抢占外迁名额。之后外商纷纷入驻上海市外沿，那些迁出来的企业不仅获得了国家资金补助，还与外商达成了良好合作，壮大了企业。所以说，将自己的思维与时代的步伐联系在一起，才能抢占财富先机。

只有创新思维，才能从已知信息里找到隐藏的商机，从而抓住机会创造财富。有一个青年和同村人一起开山，别人把石头卖给建房的人当建筑材料，他把石头以高价卖给花鸟商人；后来大家都种果树卖水果，他发现水果商需要筐子装水果，便开始种柳树，编织柳筐，大赚一笔；再后来铁路从村中穿过，别人开始集资办水果加工厂，他在地头修了一堵长 100 米、高 3 米的墙，广告商用每年四万元的价格在墙上打广告。这个青年人的思维总是比其他人要新颖，他因此成为了村里第一个百万富翁。

大多数理财者都是沿袭已成熟的赚钱方式去获取利益，这本是无可厚非的。但要想取得更大的利益，就要创新思维，另辟蹊径，去尝试别人没想到的方式，在思维上领先别人一步。

多一分勇气，多一分创富的机会

世界上任何领域的一流好手，都是靠着勇敢面对他们所畏惧的事物，冒险犯难，才能出人头地。有风险才有诱惑，没有风险的社会，就没有成果而言。在获取财富的路上，勇气是必不可少的。

有这样一个故事，国王远行前交给三个仆人每人一锭银子，并让他们在他远行期间去做门生意。国王回来后，把三个仆人召集到一起，发现第一个仆人已经赚了十锭银子，第二个仆人赚了五锭银子，只有第三个仆人因为怕亏本，不敢冒险，什么生意也不敢做，最终还是攥着那一锭银子。于是，国王奖励了第一个仆人十座城邑，奖励了第二个仆人五座城邑，第三个仆人认为国王会奖给他一座城邑，可国王不但没有奖励他，反而下令将他的一锭银子没收，奖给了第一个仆人。国王说："少的就让他更少，多的就让他更多。"这个理论后来被经济学家运用，命名为"马太效应"。可见，有勇气，敢于冒险，才有了获取财富的可能。

俗语说："狭路相逢勇者胜。"当你比别人多一份勇气，就能先拔得头筹。在成功的道路上，胜利者和失败者之间的比拼，大部分都是勇气的较量。失败者做事时会前怕狼后怕虎，犹豫不已，而胜利者则有着敢于出手、拼尽全力的勇气。所以说，有获利的机会时，万万不可畏缩不前。

有的人虽然想要更多的财富，却满足于眼前的安逸，下意识地过着重复的安稳日子，没有冒险的勇气，不敢拼不敢博，财富便与他们失之交臂了。没有勇气的人，总是怕冒险、怕失败、怕上当、怕吃亏，怕来怕去，最后只能看着别人发财。

在童话里，勇士才能打败恶龙、娶得公主、赢得财富，现实也是这样，对于那些有勇气冒险的人，上帝会给予财富做奖赏。不管在哪个领域，想要获得财富都是有风险的，这时候只能用勇气去打败心里对风险的畏惧，而后才能拥有成功的可能性。没有勇气，梦想永远都只能是梦想，财富也不会青睐于你。

第四章

/ 为梦想增添助力——不迷茫的创业心态

梦想是创业的动力源

　　人生因梦想而精彩，事业也会因梦想开始。创业之人，首先得有创业的动力，然而创业的动力就来自于梦想，只要始终怀抱梦想，敢于实现梦想、不放弃梦想，一切开始的空想都有可能变成最终的现实。

　　梦想会让一个人心甘情愿地付出。如今 IT 界的风云人物雷军曾经也是一个心怀梦想的青年。雷军在大学期间就梦想要创立一家世界一流公司，大学期间他努力学习，成绩优异，大一时他写的程序 PASCAL，被老师选作了下一版教材的示范程序，大三时的他拿到了人生的第一桶金。为了实现梦想，大学期间他曾尝试过和同学一起创办小公司，毕业后他进入了知名软件公司"金山"，他凭借自己的努力很快成为了公司的高层管理人员。但在 2007 年他为了更快实现自己的梦想做出了一个惊人的决定，他辞去了"金山"总裁兼 CEO 的职位，他说："这是我真正人生梦想舞台的开始。"后来雷军看准了互联网，成功投资了乐讯社区、UC 优视、网页游戏、3G 社区等，成为了名副其实的投资达人。如今的他依旧继续循着梦想之路在努力。

雷军已经是创业界响当当的成功人物了，当年的他因为怀揣着梦想才甘心做一个事业的"奴隶"，再苦再累，无怨无悔。雷军曾说：人因梦想而伟大，只要我有这么一个梦想，实现这一个梦想，我就此生无憾了。实现不了，我也心安了。所有事业的开始都是以梦想为先导的，所有的斗志也是源于梦想的激情。所以说从某种意义上来说，梦想的热情有多大，成功的概率也就有多大。

洛克菲勒说：不指望机会降临在自己身上的人，其实是承认自己无能。机会只会降临在有梦想的人身上，实现梦想的渴望越迫切，成功的概率就越高。没什么比"有梦想"更接近成功了。有梦想，就能克服任何困难，甚至可以改变与生俱来的性格。

不甘于现实的人才是梦想的创造者。看过《阿甘正传》的人，无一不被阿甘的勇气所感动，那种勇气不是逞强的鲁莽，是不甘于现实为梦想而付出的努力。阿甘是个智商只有 75 的低能儿，他从一个受欺凌的孩子到橄榄球巨星，再到战争中的英雄、乒乓球世界冠军，以及后来捕虾成为企业家，每一步的他都是踏踏实实的梦想实干者。他是一个笨人，却在梦想的指导下变得伟大。

一个人如果想成功，一开始可以一无所有，但是不能没有梦想。梦想是一个人一路奋斗的导师，梦想会是你所有坚持下去的支柱。

02

想要创业成功，先改变"打工心态"

在现实生活里，有些工作人员，尤其是底层的打工仔，总觉得自己和老板之间不过是雇佣关系，自己打工也不过是为了赚钱。他们内心经常回荡着这样的独白：我只是一个普通的打工仔，工作做多做少，做好做坏，对自己意义不大，达到上司要求就行了，保住这个"饭碗"就是最大的幸福，至于别的什么创新技术、钻研项目、开拓事业等都是老板所需要考虑的，不是自己分内之事，不需要自己多考虑什么。

显而易见，上述的"打工心态"是一种消极怠工、不求上进的心态，由此不仅会引发工作效率低下、产品质量不高等问题，对公司造成危害，更是会慢慢消磨掉自己的进取心，埋没自己的能力，让自己成为一个甘于现状的人。

每个人初入社会时，找一份工作历练自己是正常的，但不应该在日复一日的工作中失去了自己前进的方向。不应该做好高骛远的人，更不应该做浑浑噩噩的人，要坚持自己的梦想，警惕自己被"打工心态"所腐蚀。

有个叫杰克的人，他在一家贸易公司工作了一年，由于不满意自己的工作，他总是愤愤不平地对朋友说："我在公司里就是一个打工的，我的工资很低，老板也不把我放在眼里，每天都在重复那些工作，真是太没意思了。"

有一个朋友问他："你把现在这家贸易公司的业务都弄清楚了吗？"他

老老实实地回答："还没有！"这时他朋友又说："你可以去学别的知识啊！我建议你先静下心来，认认真真地工作，把贸易技巧、商业文书和公司组织完全了解清楚，甚至包括如何书写合同等具体细节都弄懂了之后，跟老板提出升职加薪，否则就一走了之，这样做岂不是既出了气，又有了许多收获吗？"

杰克听从了这位朋友的建议，一改往日工作的散漫习惯，认真工作起来，常常加班加点地留在办公室里研究商业知识。一年之后，那位朋友偶然遇到他，就问："现在你大概都学会了，还觉得工作没意思吗？"杰克说："不不，我发现近半年来，老板对我是刮目相看了，最近更是委以重任，升职又加薪。公司里的其他人都开始敬重我、羡慕我，我觉得这家公司真是太好了！"

故事虽普通平常，却也给我们启示：摆脱"打工心态"，认真对待工作，才有上升的空间、进步的机会，在事业上得到更大的进展。

若想远离"打工心态"，需做到这三点：第一，要有目标和理想。有努力的目标，才会一步步前进；有自己的理想，才会坚持不懈。第二，认清楚工作的本质。工作并非为他人，而是为自己的发展，表面上工作只是一种谋生的手段，实际上是为了更好地实现自己的价值。第三，树立主人翁意识。明白将自己的身心完全投入到工作中，工作必会厚报于你。

警惕"打工心态"，才能踏上属于自己的征程！

为创业添加一点"野心"

成功或许各有不同，但成功的思维却是出奇的一致。也就是说成功不是飘忽不定，可遇而不可求的，成功可以成为一种定式，可以用来"复制"和"粘贴"。

很多成功者都得出过这样一种结论：成功源于野心。俗话说："不想当将军的士兵不是好士兵。"没有野心的创业者就不是好的创业者。注定平凡还是选择成功，二者之间往往差两个字"野心"。野心就好比梦想，也就是比理想更大的欲望所在。

世上所有的科技存在都是当初幻想的实现，所有的成功者都不是偶然的机遇所造就的，都是在内心的欲望的指引下走向成功。不要认为满足于现状是成功者的高尚，那可能只是你没有勇气成就更好的懦弱罢了，那只是冠冕堂皇的借口罢了，真正的成功者会有更大的"野心"，他们永远都不会满足于现有的成就。

大概很多人都知道吉列剃须刀，但却很少有人知道它的故事与金·坎普·吉列有关。吉列出生在一个美国小商人家庭里，父亲的小生意并不能让一家人过上舒坦的日子，所以迫于贫穷，16岁那年，小小的吉列就被迫辍学。走向社会的他没有学历、没有经验，只能做推销员，这一做就是24年，他在推销业已经相当出色，有一次和同事闲聊，同事说："我认为世界上没有什么比做一个成功的推销员更痛快的工作了，吃得舒服，住得舒服，玩得自由。"吉列却说："我并不认为做推销员是个长久之计，因为不管你推销的技术多高明，也不管你的业绩何等优秀，终归是替别人干的。这一行赚钱再多也会有个限度，所以我认为如果想赚大钱就要自己干。"同事听了很不屑地说："哟，你这是想当大老板呀，那么胸有成竹？"吉列只是笑着："我相信我不会做一辈子推销员的。"

从这样一段谈话就可以看出吉列是个有野心的人，胸怀大志。成功总是留给有准备的人，当吉列痛恨于刮胡刀总是割伤他的脸时，便想到了："难道就没有更好的方法来造福一下男人吗？"在这种思维和野心下，他开始了自己的事业，研究出了既不会割破脸，又不用磨的刮胡刀，开创了世界闻名的品牌——吉列。

由此可见，成功者首先要有成功的野心，没有野心就是没有欲望，没有欲望就谈不上所谓奋斗的动力！

如果你不想成功，成功就永远不会主动去敲你的门。野心是转运的原动力，创业者要有点野心事业才会有更大的突破，生活中有点野心才不会一成不变，所以有点野心，人生才会更可爱。

创业，相信运气不如相信自己

有句话说："我命由我不由天。"每个人的生命都是自己的选择，每个人的成功与失败也都是自己的选择。因为选择，所以主宰你命运的只有你自己。在人生的奋斗过程中，会遇到很多困难，有很多人在遇到困难时首先想到的不是自己的过错，而是"我运气太差"，事实上"运气"也是自己的选择，所以在创业途中与其相信运气，不如相信自己。

马尔比·布科克说：人们最常见的同时也是代价最高昂的一个错误，就是认为成功依赖于某种天才、某种魔力，依赖于某些我们不具备的东西。然而事实上，成功不是靠运气得来的，成功就掌握在我们自己的手上。

有两个年轻人想要创业，于是就去拜访一位成功的企业家讨取成功的经验。企业家很赞赏两个人的想法，于是给两个人布置了一个任务让他们去完成。企业家要求他们两个人第二天早晨一起去这个城市的中心，在城市中寻找一个愿意帮助他们创业的富商，但只能站在街市中寻找，然后第二天日落后去找他交差。两个人第二天都起了个大早，一起去了街市，刚开始两个人都是热情饱满，见人就询问并述说自己的来意，可是随着一次次的挫败以及烈日的烘烤，其中一个人就慢慢失去了信心。

临近日落之时，早早泄了气的那个人再也熬不住了，就灰心地回去了，但另一个年轻人还在努力等待。可是就是那么巧，就在第一个年轻人离开不久，这个继续坚持的年轻人找到了一个愿意支持自己的富商。年轻人高兴地去交了差。在企业家那里第一个年轻人对他说："你运气真好，好运气都让你赶上了。"

企业家听见了笑着说："这不是运气，这是你们自己努力的结果，既然你宁愿相信运气，也不相信自己，那么你的创业计划还有必要进行下去吗？有些时候不是运气使然，这些好的或不好的结果事实上都是自己的选择。"提前放弃的年轻人听后惭愧不已，可是已无济于事。

这个故事告诉我们，奋斗途中要相信自己，相信一切结果都是自己努力的结果，不要期盼好运会无缘无故地降临，所有的运气都是自己给的。俗话说："求人不如求己。"更何况是虚无缥缈的运气呢。所有的成功都是相信自己的选择，并为之奋斗的结果，所有人都是平等的，没有人的成功属于运气。

05

分享，让创业之路越走越顺

要想做生意，就避免不了和其他企业、客户打交道，而要想把生意做好，就要处理好与对手、客户的关系。一方面，能力再大的公司也无法独揽某项生意，另一方面，客户喜欢和能维护客户利益的公司做买卖，所以做生意要善于分享，走合作之路，才会越走越顺，心中对经营企业的激情，才会一直不断增加。没有什么迈不过去的坎，激情来自"分享"的心态。

多分些利润给客户，确保客户利益最大化，能够将对方发展为自己的忠实客户，甚至在某些特殊情况下，让利给客户，自己便能成倍地赚回来。第二次世界大战结束后，战胜国在一起商洽，决定成立联合国。但联合国的具体选址，却成了让人颇为头疼的问题，联合国应该建在繁华的大都市，可这类城市的土地都比较昂贵，刚成立的联合国总部拿不出这一大笔钱。这个消息很快就传出去了，在其他人未下决定时，美国的洛克菲勒家族迅速拿出 870 万美元，在纽约买下一大块土地，同时用更多的钱买走了这块地周围的土地。令人惊讶的是，这个家族将那一大块土地免费捐给了联合国，但联合国大厦建好后，四周的土地价格翻了好几倍，洛克菲勒家族自然赚回来了更多的钱。此时人们才看清真相，十分佩服这种"分享、双赢"的手段。

研究证明，与有竞争关系的企业合作，优势要远远大于单个企业，能够共同拿下更大的市场蛋糕，即收到一加一大于二的效果。而不愿和他人分享市场蛋糕的话，极有可能会失去吃蛋糕的良机。美国政府曾决定修建一条横贯美国大陆的铁路，这就说明国家急需大量的铁路卧车。钢铁大王卡内基十分想揽下这笔大买卖，可竞争对手布鲁曼公司也想取得铁路卧车的制造权。两家公司各有优势，任何一方想要取得胜利，都要花费很多钱财。卡内基为了避免双方竞争花费的开销，制造了机会，在旅馆和布鲁曼见面，极有诚意地提出了合作请求，表达了愿意双方共享利益的意愿，布鲁曼被他的真挚和分享精神所打动，同意了合作，而后双方都赚得盆满钵盈。

不想和别人分享，会招来别人的嫉妒、仇恨，当别人用敌视的态度设下种种阻碍时，赚钱的激情会被慢慢消磨掉。只有和别人分享财富，双方都心情愉悦，生意才会顺遂，激情才能长久。李嘉诚在教育儿子时说过，当你和别人合作，假如拿七分利润合理，拿八分也可以，那你拿六分就够了。的确，让利于他人，和他人分享，对自己也很有利，创业者们要牢记分享这一法则。

06

敷衍是创业心态的第一罪

这个世界最忌讳的就是敷衍，所有因敷衍导致的不认真在下一刻都有可能让你前功尽弃。凡有大成者都有自己的"潜规则"：要么不做，要做就做最好。杰克·韦尔奇曾经说过：干事业实际上并不依靠过人的智慧，关键在于你能否全身心投入，并且不怕辛苦。实际上，经营一家企业不是脑力工作，而是体力工作。可见，干事业者学历和能力并不是最重要的，最重要的是能不能全身心地投入到事业中去。所以，认真最可贵，敷衍就是创业心态的第一罪。

当你认真时会发现全世界都会"怕"你。在台湾有这样一家牛肉面店，一碗面一万新台币，因为价格逆天，它被美国《华尔街日报》封为世界上最贵的牛肉面。很多游客来到台湾必会来此解馋。但是就这样的价格，吃面的人也得排队预约，店里只有四张桌子，一天只卖十碗面。这家店叫"牛爸爸牛肉面"，老板叫王聪源。王聪源说："四张桌子，不求量，只求精。坚持把面做到极致，目标碗碗世界第一。"谁都不会想到这位做面牛人，曾经是一位在建筑行业待了 12 年的建筑师，只因在温哥华吃到一碗牛肉面久久不能释怀，便辞去了建筑行业的工作决心开一家牛肉面店。为了做好一碗面，他花了 26 年去研究，不计成本地实验改进，最终做成了这顶级的牛肉面。如此的坚持与坚守真不是一般人可以做到的，他的认真造就了他的成功，他是用生命创造了自己的事业。这般认真的人是注定的成功者。由此，也让我们深思敷衍为何就是创业者的"杀手"。

敷衍的人永远只有三分钟热度，他们永远没有坚持不懈的精神，没有持久奋斗的激情和耐力。对于一切事情永远是虎头蛇尾，最后草草了事。这样的人创业注定会血本无归。

敷衍的人永远是懦弱的，他们有理想，但最终这些只会变成想象。他们爱抱怨，总是怕吃苦，不愿尽力而为，他们对待一切都不认真，总是认为差不多就行了，这样的心态永远不可能让自己的事业牢固。

敷衍的人永远爱拖沓。都说成功者是言行一致，行动力强，办事快、效率高的人，然而敷衍的人恰恰相反，他们往往喜欢"临时抱佛脚"匆匆完事，办事错误率远超正确率。这种心态注定了他们天生不是创业者的料。

敷衍的人永远是懒散、浮躁的，他们永远不会有魄力，这样也就很难会有领导者的魅力。敷衍的人做事拖沓、不严谨，很难服众，这样就很难让别人听命于他。因而，这样的人很难成大器。

敷衍的人在人际交往中永远处于被动的一方。创业最重要的是在合作中共赢，可是如果你的形象很难给别人信任感，那么你就真的失败了，然而形象恰恰是心态的表现。另一方面，敷衍的人在生意场上必定没有人愿意与之长久合作，当所有人都了解他后就再也没有人愿意和他做生意了。这些都是创业者致命的失败。

由以上可见，说敷衍是创业心态的第一罪是毫无疑问的。所以要想创业，首先必须戒掉敷衍的心态，踏踏实实，全身心投入自己的梦想。

07

机会青睐不满足现状的人

古人提倡"知足常乐"但并不是让我们满足于现状。这里的"知足"是一种心态，而满足是一种行为。知足的人不计较成败得失，而满足的人是不尝试成败，也就是不思进取。所以在创业中我们可以做个知足的人，但绝不能做个满足于现状的人。

机会总是留给有准备的人，不满足于现状的人就是机会的时刻期待者，所以机会总是青睐不满足现状的人。

有一只小海龟出生在一个被半岛阻隔的海峡之间，从小妈妈就告诉它外面有更大的海，可是妈妈从不让它离开这里，妈妈说："这里才是最好的归宿，这里才最安逸。"和妈妈一样这里所有人都知道外面的世界很大、很美，却从没有人想过离开这里去追求外面的生活，它们总说："外面不一定有多危险，待在这里就好。"可小海龟心里是无比渴望外面的世界的。一天，它再也忍不住了，于是叫了一群伙伴和它们商量一起出去寻找真正的大海，可是伙伴们都不同意，它们都认为这里挺好，没理由去冒险。于是小海龟就开始了自己一个人的"旅行"。不知游了多久，它看到了一片看不到边的海洋，看到了这里五彩缤纷的世界，看到了家乡没有的美丽，它此时是无比的高兴和自豪。它得意于自己的勇敢，得意于自己的不满足。

人生有时就是这样，只有不满足于现状才会去追求更美好的未来，只有敢于追求的人才会得到机会的青睐。但我们身边也有很多像小海龟朋友的人，这样的人就是行动上的满足者，他们闲置自己的能力而一味追求现状的安乐，这样的人是不会得到机会的青睐的。

机会总会青睐于不满足现状的人。成功不可能一蹴而就，不能因为一时的成就而满足，因为追求的越高，到达的终点才会越远。

创业初期，脚踏实地

很多创业的年轻人不注重现实，创业刚开始就雄心万丈地想要做大事。如果以此为目标，自然可以激励自己不断前进，可是当现实和理想间的巨大差距显露出来时，心比天高的创业者很难脚踏实地，很容易选择放弃。

创业者一定要有务实的心态，脚踏实地地发展自己的事业，努力去除各个风险因素。要认清自己即便身在低处，也有很大的上升空间，可以不断努力，慢慢晋升。事实证明，绝大多数富豪都是从零开始或者依靠小本生意赚的第一桶金。从底层做起，能够积累做生意的经验，增加阅历和见识，还能积累本金，为扩大规模做准备。

心比天高者，不想从小处做起，对于小钱也看不到眼里，但又赚不到大钱，只会落得命比纸薄的凄惨结局。对创业者来说，"小钱不赚何以赚大钱"，更何况小有小的好处，从小成本生意开始试水，如果这行有前途，再做大也不迟；如果觉得风险过大，还可以及时调整，改做其他生意，这是大笔生意不具备的灵活性和稳妥性。举例来说，想做电商，可以先开网店锻炼一下，测试自己是否真的适合这行；想从事餐饮业，不必一开始就开大饭店，奶茶店、快餐店都是不错的选择。甚至当创业者想创业，又没有金点子时，也可以着眼于小的方面，从最基本的衣食住行做起。李嘉诚卖过塑料花，王永庆卖过大米，这些都是很好的学习例子。

"小生意、大计划"，任何人的成功都是从一点一滴的小事做起的。不切实际地盲目追求高起点，只会为自己设置障碍，最终一事无成。

09

打破惯性思维，经验不是万能钥匙

一位哲人曾经说过："思维一旦有了翅膀，便没有什么不可能的事。"这对翅膀就是解开束缚你思想枷锁的钥匙，冲破传统固化的思维模式，打破习惯性的思维惯性，找到新的路子，依据实际情况找到适合现实的方法。

一只小乌鸦口渴了在路边发现了一只装有水的瓶子，可是瓶子太深水又太少，于是乌鸦想了一个办法，从路边一颗一颗地叼来石头放进瓶子里，这样瓶子里的水就会升高，乌鸦就喝到了水。可是如果"乌鸦喝水"的故事放到现在，你还认为叼石头是一个最明智的选择吗？不会吧。或许乌鸦可以找只吸管，这样岂不是又省时又省力。所以所有的事情都不只有一个解决办法，我们不必拘泥于过去的经验，尝试着打破思维换一种新的方式或许更适合现实，更容易达到目的。

经验不是万能的钥匙和灵丹妙药，如果思维总沿着习惯、经验、传统走，那么人就很容易丧失自己的主观分析能力，那么这样的人也就是没有思想的行尸走肉。在快速发展的现代社会中，我们必须具备自我否定和自我更新的本领，努力使自己的思维依时而变，依事而变，只有勇敢打破思维定式才能抓住更好的发展机遇。

乔布斯就是这样一位经常突破思维框架的人，他的朋友曾经这样形容他：他不愿意接受任何东西的束缚，他只是做他想做的事情，即使他是一个愚蠢的人，他身上也有一种光环，这种光环笼罩着他，让他激情四射。就像他在人们习惯了电脑里的排热小风扇时，他大胆提出拆去电风扇，所有人都在试图模仿他的技术，而他却总是在开拓新的思路。为了让苹果销售得更好，他打破了传统零售业商店在设计、选址、管理上的模式，设立了苹果专卖店的模式。他的每一步都是对旧思维的突破，每一个新的思路都会否定原有的思路，所以最终他会成功。成功就是这样突破思维框架的过程。

人类的思维不该像动物一样，根据习惯去做出判断。我们要想更好地发展就必须突破原有的模式，寻找更好的路子，相信新的思维会带给你不一样的人生，或许换一种思维，成功就在前方。

10

选择有时比努力更重要

在创业途中，一切成败都可能在一个选择中决定，选择了正确的方向等于成功了一半，选择稍有偏差也可能万劫不复。面对机遇时，选择就是决定生死的战场，有人迷茫而犹豫不定任机遇溜走陷入困境，有人抓住了机遇，很快就突破困境，走出迷茫，走向成功。

罗曼·罗兰说：如果有人错过机会，多半不是机会没有到来，而是因为等待机会者没有看到机会到来，机会到来时没有一伸手就抓住它。有这样一个寓言故事，两个人一同去深山打猎，他们看到一只正在酣睡的老虎，猎人甲正要掏枪射杀，猎人乙却建议用弓箭去射，两个人为此争论起来。因此不仅错过了最佳时期，而且老虎也被两人的吵闹声惊醒，惊醒的老虎朝两人扑去，两人见情况不妙立即逃跑。最终老虎没抓到，两人还在逃跑途中过于慌乱导致满身伤痕累累。

事实上，如果两人能够在最好的时机做出明确的判断，不犹豫、不迷茫，将老虎打死，便会满载而归。可因为两人没有统一意见，没有及时做出正确的选择，才落到如此狼狈的下场。

马云曾说过，选择比努力更重要。思想活跃的马云的第一次选择就是放弃了教师岗位走向了创业，他看准了互联网的发展前途并且在适当的时期做出了正确的选择，后来的阿里巴巴紧紧抓住了电子商务在中国市场中的机遇和空缺。瞄准市场的前景，把握时代契机，大刀阔斧改革，马云成功的每一步都是选择的结果。

马云说：适时出击很重要。我练过太极拳，太极拳要求专注，别看绕来绕去，其实瞄准的目标都只是一个点，而且要选择适时出击。所以在金庸小说里，我特别欣赏黄药师出场的描写。所有人都不怎么在意这个老头，没有防他，而黄药师却突然一招将他认为最能打的人扔到河里。所以选择什么时候出手很重要。

学会选择，克服迷茫心理。不要害怕选择的失败，及时精准地抓住时机，你可能就是赢家！不要沉浸于迷茫中，不要把时间浪费在等待上，没有什么是可以在等待中得到的，机会要靠自己争取，人生没有后悔药，不要错过了和你擦肩而过的成功。

11

全心全意专注于你所做的事业

所谓专注，就是集中精力、全神贯注、专心致志。专注是最大限度的认真、积极。做事情最忌心浮气躁、朝三暮四，最重要的便是专注。美国钢铁大王卡内基说：成功的奥秘在于你将所有精力、所有思想以及所有资金投入到你所从事的事情中去。也就是说你要为1%的事情而投入100%的努力。

凡大成者都是从专注开始的。当你把自己的时间、精力和智慧最大限度地凝聚到一件事情上时，你会发现原来这件事对于你来说也不是异常困难。如今美国苹果公司的成功就是一个实例。苹果公司的产品之所以受人追捧最重要的就是精，每一件产品都投入了制作者 100% 的用心。细算苹果公司的产品自从问世到现在也就 30 种左右，可是件件是经典。乔布斯曾说过，你的时间有限，你只需要关注你内心的声音。他把这种精神带进了事业中，他对事业的专注基本上达到了无人能及的地步，因此他总能把不可能变成可能。苹果公司面临危机之时，当所有人的目光都盯在危机上时，只有乔布斯不理会这些，他一直专注于产品，最终苹果公司从一个亏损过度，几乎没人愿意收购它的公司成为了今天电子产品的领军者。所以，人生不怕"不可能"，就怕不专注。

比尔·盖茨同样是令世人钦佩的人物。如果说乔布斯是为兴趣而专注的人，那么盖茨就是无所不专注的人，他天生就带有独特的专注性格，也正是这种性格造就了他的成功。他无论做什么都会全身心投入，要么不做，要么就做到最好。在中学时盖茨就呈现出了这种独特，无论是在电脑房玩电脑还是玩扑克，他都是废寝忘食、不知疲倦。上大学时计算机消耗了他大部分的时间。后来创业时他的生活更是除了工作别无其他，有人曾发现他的房间里不仅没有电视机，甚至连必要的生活家具都没有。可见他是多么地专注于事业。

事实上，和成功者相比，我们相差的不是出生背景，差的只是"专注"。在现代社会，充满着浮躁和各种各样的诱惑，这些都会分散人们的注意力，使人们不能专注。可是往往能抵挡诱惑者就是有所成者，盖茨是这样的成功者，乔布斯也是这样的成功者。

专注是成就伟大的前提，一个成功的企业创造者不会杂事缠身，不会一天到晚只为了无关紧要的事情忙活。在事业的缔造过程中只有投入 100% 的热情才会获得应有的回报，而且也只有 100% 的专注才能让你摆脱琐碎的烦恼走向成功。

12

追求完美，才能趋近完美

完美是一种境界。虽说一切事物都不可能十全十美，可是追求完美是一种态度，就像没有绝对的成功，只有追求成功才能有所成功。只有追求完美我们才会遇到更接近于完美的契机。所以适度追求完美在创业路上是不可缺少的一种态度。

乔布斯说：人的一生能做的事不多，要做就把每件事做得精美绝伦。要想达到完美就不能放过工作中的每一个细节，所以细节的把握就是对成功的把握。乔布斯如是说：不要小视这些细节，差距从细节开始，1% 的错误可能导致 100% 的失败。所以一切成功都要从细节做起，苹果公司自生产第一台电脑开始，乔布斯就信奉一条原则：想要打败竞争对手就不能放过细节。所以自从苹果产品上市以来，虽一直被模仿，但从未被超越。

乔布斯对细节的要求近乎完美，在 1977 年举办西海岸电脑展时，乔布斯发现运来的机箱并非自己所需要的，因而非常不满意，当即命令几个员工对机箱进行打磨、刮擦和喷漆。也正是这些细节的改变才使得苹果 II 代在展览会上一鸣惊人，订单纷至沓来。同样为了使产品能够更完美，乔布斯可以亲自趴在电脑屏幕上一个像素一个像素地进行对比，看看是否匹配，如果发现一点点的误差，工程师就会被臭骂一顿。在这种追求完美中，他熟悉每个工作的细节并能够对每个细节进行调整补充，正是他的这种努力和这种对细节、对完美的极致追求，给消费者带来了前所未有的体验，使苹果成为当今世界几乎无可匹敌的伟大公司。

关注细节就是在关注整体的发展命运，关注细节可以让创业的道路少些曲折和本可避免的意外。创业就像在制作一件艺术品，要想追求完美，每道工序都必须严格把握细节，"失之毫厘，差之千里"。

学习创新思维与逆向思维

有一个实验：将一些毛毛虫围着花盆边缘摆成一圈，并让它们首尾相连，再在花盆附近放一些食物，毛毛虫急着觅食，却因为只会跟着前面的虫绕着花盆走，始终吃不到食物。表面上看毛毛虫最终死于劳累和饥饿，实际是死于自己的固化思维。"毛毛虫效应"告诉我们，固化思维会让人走上死路。只有灵活变通的人，才能全面看问题，找到解决问题的办法。

思考是人生最大的财富，但只有正确的思考才能获取成功。新的问题层出不穷，此时仍采用以前的先例和经验，问题就得不到解决。对于创业者来说，以下两种思维值得反复观摩、学习。

第一，创新思维。创新可以带来活力，可以让人脱颖而出，获得意想不到的胜利。多年前，一个父亲问儿子："一磅铜多少钱？""35美分。"父亲说："没错，铜的确是这个价格，但我希望你说是35美元—— 一磅铜做成门把或门锁就是这个价了。"儿子深受触动，接手父亲的铜器生意后，他把铜制成了铜鼓、奖牌等东西，价格卖得越来越高。有一年，美国政府翻新了自由女神像，留下了很多垃圾，一直不知道怎么处理才好。他得知消息后，立即收购了那批垃圾，因为垃圾处理不好就会被环保组织投诉，外界并不看好他。他让工人将垃圾分门别类，把各种原料制成小的自由女神像或者钥匙模型，把灰尘包装后卖给花店，最后，这堆"垃圾"卖出了350万美元的天价。

第二，逆向思维。在做生意时，反其道而行之，可以收到出奇制胜的效果。日本有家寿司店，味道十分正宗，每天却只做四桌，想吃的人需要提前一年预订，价格也很高，生意却很红火，连一些政客都喜欢光临。有人曾建议老板扩大店面，多卖几桌，老板拒绝了，理由是物以稀为贵。而美国有一家名叫"最糟糕餐馆"的餐馆，也吸引了很多顾客前去，尽管它的宣传词是"食物恶劣、服务则更坏"，尽管它的菜谱上只有一道"隔夜菜"，仍有顾客为满足自己的好奇心，亲自来尝尝"隔夜菜"是什么味道。

俗语说："解放思想，黄金万两。"固化思维早已过时，要远远甩在身后，遇到问题时，多变换角度、多调动创新思维和逆向思维，才能看得更加全面。

14

创新，就不要害怕失败

世界上不会有没有风险的收益，想要有所成就，想要走出一条别人没走过的路，那就不能害怕失败。创业是一条漫长且需要一点点摸索和积累的道路，这条路上只有敢于在关键时刻迈出别人不敢走的那一步才有机会比别人更成功，然而这一步的代价往往蕴藏着更大的风险，所以最终能成功的人往往是无惧失败、敢于承担的人。

在以色列有众多成功的创业者，这么小的一个国家已在全世界拥有了四千多家科技创业公司，仅次于美国，数据显示，平均 2000 名以色列人中就有一人创业。当以色列青年在中国分享他们的创业经验时，他们总结了一句话：敢于尝试，不怕失败。

28 岁的波阿斯·梅尔尼克已是以色列多家企业的老总。当年他曾是一家咖啡公司的客户经理，管理着一百多家咖啡店的他，每个月可以为公司赚取几百万的利润，可是他并不喜欢这份工作。辞职后他学起了经管和金融，在学习期间，有朋友提议希望合伙组建一家医疗服务公司，当时的他虽然对医疗一无所知，但还是一口答应了提议。他们仅仅用了三年的时间，便使公司业务从一笔生意都没有到客户纷至沓来，三年半后他成功售出第一家医药服务公司，又组建两家公司，开始向新的领域进军。

现在的他讲起自己的经验时说："创新就不要害怕失败，要敢于尝试失败，更不要害怕离开自己熟悉的领域。"这或许就是以色列人的本色吧，从来都不害怕尝试，只要一步步走下去，哪怕失败也可以当成另一种有收获的成功。

像波阿斯一样，大多数以色列创业者都相信"企业家的精神"是可以教导的，只要有一丝创新的火花就可以努力实现，不管最后结果如何都是最宝贵的经验财富。就像爱迪生在发明电灯时一样，没有 1000 次的失败哪会有第 1001 次时的成功。

创新需要勇气和毅力，因为失败随时都有可能发生，成功的希望或许真的很渺小，但是为了梦想，为了成功，我们必须不惧那随时都会来临的失败，我们永远不知道下一刻的结果会是什么，所以此刻还是要相信自己："有一丝的创新火花就要努力实现。"

15

没有做不好的事业，只有不负责任的人

有句话说：没有做不好的工作，只有不负责任的人。负责，从某种意义上可以说是一种生存法则，因为任何创业的过程都很少是一个人在奋斗，所有为你工作的人，以及所有消费者都是一个人成功的推动者与向导。所以创业过程中我们一定要有责任心，相信责任心会让你在创业途中更优秀。

责任心会让我们变得认真。有两个年轻人同时入职，二人的能力不相上下，且都心怀理想。可是试用期过后公司却只留下了青年甲，于是青年乙就特别不服气地找到公司领导。这时领导让他们分别下楼去看看楼下两个拉车的人在卖什么。首先青年乙下去后很快上来说："那人今天拉了一车土豆在卖。"领导没说话又让青年甲去看看另一个在卖什么。一会儿青年甲回来说："另一个人在卖西红柿，西红柿三块钱一斤，质量不错，如果我们餐厅有需要那人说可以长期提供，并以最低价给我们。我把那人带来了，您如果同意就可以让他进来谈价钱。"这个时候领导转过头看向青年乙说："知道为什么我决定留他不留你了吧。"对于青年乙来说，他仅仅满足于按照老板的吩咐去办事，而没有想过真正需要了解的可能不止这些，由此可见他的工作态度仅限于去工作，而青年甲则更懂得对工作认真负责，所以这种工作态度更有价值。

创业中我们也应该以一颗负责任的心去努力，例如在了解市场行情时，不仅要了解表面现象，更要深入了解其原因及解决途径。带着一颗责任心去工作便会多份认真，所以责任心会让创业路途更加通畅。

责任心会让我们更有动力。工作不可三分钟热度，可是很多人总是很难保持工作的热情，没有热情的工作怎能获得好的成就。有位军人退伍后进入了职业棒球队，他在一个月的时间就成为队里数一数二的优秀队员，可是后来他的动作越来越绵软无力，技术有退无进。球队经理无奈只好辞退他，经理说："你现在这样一点都不像一名军人，更不要说运动员。如果你一直这样，离开这，不管你去哪儿，你都不会有所成就。没有责任心就不会有持久的动力。"那是他一生遭受的最大的打击，后来他记住了经理的教训，走进了职场，成为了一位优秀的白领。有人问他："你怎么做到每天面对枯燥的工作都精神抖擞的呢？"他说："因为责任感给了我激情。"

人生路上的每一次进步，创业途中的每一次突破都是对生命的负责，对努力的负责。所以，所有的成就都是责任心下的驱动，所有能成功的人都有一颗金光闪闪的责任心，因为只有责任心，才会让我们越来越优秀！

16

年轻人奋斗，别以钱的名义

钱是现实社会中生活必不可缺的物质，也是创业途中必要的资金存在，可是你可以为了更好地生活而奋斗，可以在奋斗中获得财富，但是千万别以钱的名义去奋斗。这是为什么呢？

第一，"钱"无法成为支撑你乘风破浪、勇往直前的强劲的"帆"。当你下定决心奋斗的那一刻挑战已经开始了，那些困难可能不像你想象的那样，但会比你想象得更难，钱的名义根本不足以支撑起你的决心，很多人创业的失败不是因为钱的原因，而是因为自己没有毅力再继续下去了。

第二，以钱的名义奋斗可能会让你慢慢在各种诱惑中迷失自我、丧失初衷。创业的奋斗史是和金钱打交道的"血泪史"，各种利益诱惑之下最容易使人变得失去理智横冲直撞。要知道一切不择手段的开始都是利欲熏心下无法自控的结果，所以当你以钱为奋斗的名义时就更会觉得一切可以捞取利润的行为都是理所应当的，你会在更多的利益纷争中慢慢集恶成性，变得越来越不知足，变得越来越大胆，变得越来越不顾一切。在金钱的欲望中会失去自我，最终失去一切。还有一种可能就是在奋斗途中你视钱如命，胆小怕有损失，因而一切都不愿冒险，不敢冒险，不投资就不会有收益，进而导致现有的资本会在你手中慢慢"烂掉"，最终一无所获，一事无成。

以上两点足以说明在创业途中时刻把钱放在第一位，以钱的名义去奋斗是不可取的。事实上，我们可以以各种名义去奋斗，以爱的名义、以亲情的名义、以幸福的名义、以快乐的名义……爱她就为她而努力，为了让她过上更好的生活而奋斗；为了家人不再受苦、不再受人欺凌而坚持不懈；为了以后的幸福快乐而奋斗。这些看似软绵无力的词，背后却都是一颗心的力量，它们才是你奋斗最有力的精神支柱，它们才是可以让你不忘初衷、不懈奋斗的永久动力。

创业磨炼的不仅是智慧更是心性，所以最好的结果需要最好的开始。最好的心态就是只为奋斗而奋斗。年轻人，去奋斗吧，但是别以钱的名义！

17

敢于走他人未涉足之路

鲁迅曾称赞：第一次吃螃蟹的人是很可佩服的，不是勇士谁敢去吃它呢？从某种意义上来说，第一个吃螃蟹的人就是赢者，因为他"明知山有虎，偏向虎山行"，他是一位敢于冒险的斗士。纵观世界上的成功人士，哪个不是敢于冒险的勇士？所以赢者的态度就是敢于冒险。

德国著名作家赫尔曼·黑塞说过：有勇气承担命运这才是英雄好汉。同样，有勇气冒险的人才是真正的英雄好汉。

他来自于农村，通过不懈的努力，在 26 岁时便成了高级工程师、副教授。后来，在短短七年内他将镍镉电池产销量做到全球第一、镍氢电池排名第二、锂电池排名第三。37 岁时便被全球誉为"电池大王"，拥有 3.38 亿财富，可以说这已经是很多人渴望的了，可是 2003 年他又冒险将自己多年来的积蓄投入到汽车行业，发誓要成为"汽车大王"，这个决定让所有人吃惊。他就是比亚迪股份有限公司董事局主席兼总裁王传福。

曾有人问他："是什么让你有机会成为商界奇才呢？"他回答："最关键的是冒险的精神。"有句话说得很对：穷人之所以穷是因为他永远不敢冒险，富人之所以富是因为他敢于折腾。对待创业不妨大胆地放开手去冒险，只有敢于冒险才有机会找到出路，唯唯诺诺，只能等待失败。

《人与自然》中放过这样一个故事：在一个炎热的夏季，非洲的一片池塘里的水慢慢干涸，大部分的鳄鱼都被困在那里不知所措，这时一只小鳄鱼起身离开了池塘，它慢慢地爬向不远处的一片丛林中，它勇敢地走了进去，不久它又回到了池塘，带着所有的鳄鱼一起奔着那个方向走去。原来丛林深处有一个断壁，清水潺潺从上方流下形成了一片水草丰美的池塘。小鳄鱼就这样带领家族逃过了一次劫难。可是如果当初小鳄鱼也像其他鳄鱼一样没有勇气，不敢去冒险，结果或许就是一场悲剧。

创业也是这样，要敢于走出别人不敢走、没走过的那一步，才能先于别人找到成功，懦弱胆怯只会让原有的资本在原地腐烂，无法抢占先机。创业本身就是一个充满着"生死"挑战的战场，敢于冒险才有可能在绝境中杀出一条生路，不敢尝试就退出战场的人永远不可能取得成功。

人生本来就充满各种机遇选择，犹豫不决、盲目等待就相当于放弃了成功的机遇。如果不想让自己一辈子平平凡凡，不如赌一把，是非成败都不追究，只为人生不留遗憾。

18

心怀谦虚，创业途中不迷失自己

从孩童时代起，就有师长教给我们"满招损，谦受益"的道理。骄傲往往是我们获取成功的一大障碍，不超越它，就会被它所羁绊。保持谦虚的心态，内心安然平静，才能快乐生活，这对我们创业也有很大帮助。

能够做到虚怀若谷的人，不会在别人的各种赞美中骄傲自大，迷失自己。

谦虚的人，首先是一个有自知之明的人，他了解自己身上的优点与缺点，明白自己擅长什么，如此便能顺利确定自己的创业方向。小云为人和善，又学过服装设计，在自己小有积蓄后，便决定在商业街上开一家服装店。彼时网购已经兴起，她在网上同步开了服装店。每当有人在她的店里买衣服后，她就发给人家一张有关自己网店的介绍，顾客们往往也会在网上回购她的衣服，这样她的生意就比邻家店铺好了很多。

谦虚的人，能虚心接受别人的意见，更能以宽阔的胸襟接受他人的批评，甚至为批评自己的人鼓掌。

贝罗尼是19世纪法国的著名画家，他热爱画画，到外地去度假时，他也会背着画架到各地去写生。有一天，他正在日内瓦湖边专心画画，旁边来了三位英国女游客，看了他的画，便在一旁指手画脚地批评起来。一个说这儿不好，一个说那儿不合，贝罗尼都逐一修改过来，末了还跟她们说了声"谢谢"。也许那三个女游客给出的建议并不好，但贝罗尼能够听进别人的意见，勇敢地做出改动，使画作更受大众的欢迎。正因如此，他的画卖得比同时期其他画家好很多。

创业者在创业过程中会听到不同的声音，家里的亲人、身边的朋友、接触的客户都会站在自己的立场上，提出一些创业者自身想不到的问题和意见。如果能够谦虚地接纳这些不同的声音，并积极适应和调整，自己的产品会愈发精致、完善，事业也会得到提升。人们称谦虚为一切美德的"皇冠"，就在于它的包容性。

苏联教育家苏霍姆林斯基说过：谦逊是兴趣劳动、尽心竭力、坚定顽强的亲姊妹。夸夸其谈的人从来不是勤奋的劳动者。脑力劳动是一种需要非常实际、非常清醒、非常认真的劳动，而这一切又构成谦虚的品德——谦虚似乎是天平，人用它可以测出自己的分量。傲慢具有很大的危险性——这是现代人常见的通病，它往往表现在对于某种复杂事物的恍惚。

因为谦虚，在创业时就可以听进外界的各种声音，慢慢改正自己的不足之处，而心里还不会恼火，快乐的心境就不请自来了。

第五章

优秀的孩子不仅成绩好——不刻板的教育心态

教育要培养完整的人

现在的教育要求孩子毕业后要努力获取一份工作，以得到物质上的保障。社会和家庭对年轻人的压力是：职业第一，其他一切退居其次。也就是说，金钱第一，复杂的日常生活退居其次。然而，生活仅仅有柴米油盐是远远不够的。如果仅以金钱的多少、职位的高低作为生活好坏的标准，那生活就会变得索然无味，甚至是失去平衡。完整的教育就是要坚持培养完整的人，他不仅要有生活必需的技能，还要有健全的人格和广泛的爱好。

功利的教育和以金钱为导向的生活观念让人们的心变得越来越狭隘、局限和不完整。机械化的教育导致孩子形成了一种机械的生活方式，一种心智的模式化，这样的孩子失去了对事情的判断力和创造性。

教育是培养人的事业，它全部的意义与价值在于育人。培养完整的人，就是要回到教育的原点，别因为走得太远，而忘记为何出发。

"完整的人"不是"完人"。不是要求你什么都要会，而是让你获得和谐的发展，包括健康的身心、健全的人格、学习的能力、自觉的意识等。

"完整的人"不等于"完美的人"。每个人都有自己的优势领域和弱势领域，我们无须强求每个人在所有方面都做得一样完美。完整教育的目的是让学生在优势领域得到充分发展，弱势领域得到一定补充，各个领域的潜能都得到最大限度的激发，个性得到尽可能的完善与张扬，做"最好的自己"，这才是培养"完整的人"。

人的发展完善是永无止境的，在生活实践中不断发现自己的不足，在此基础上不断加以完善和提高。"完整的人"是一个有缺点但却终生学习，不断向前发展进步的人，而不是一个已经尽善尽美的"完人"。

02

教育的过程，是一种"慢"的艺术

著名教育学家叶圣陶先生曾说：教育是农业而不是工业。这句话意味深长，工业产品的生产速度非常快，一般都是在流水线上批量生产；而农产品需要因地制宜，生长周期也比较长，期间需要很多工序。毫无疑问，孩子就是"农产品"，而整个孩子成长、接受教育的过程，是一种"慢"的艺术。

教育这件事，不能有什么急功近利的心态，孩子是慢慢长大的，学东西也是一点一点学的。有的家长过于为孩子着想，唯恐自家孩子落于人后，早早地给孩子报了早教班，之后又是各种兴趣班辅导班，但孩子太过年幼，根本接受不了多少知识，还不如让孩子自由地玩耍，无忧无虑地度过幼年时期。

自从孩子进入学校那天起，就是一群孩子在一起学习，家长又会担心孩子的成绩不如他人。孩子的成绩真的考差了，有耐心的家长还会帮孩子分析原因，鼓励孩子；有的家长直接把不高兴写在脸上，甚至说一些过分的话，孩子也只能在一边不吭声，唯恐再惹父母生气。其实本不必如此，人生下来智商就不一样，而且成功的标准有很多参量。所以小时候的成绩不算什么，家长应该在这个阶段让孩子养成良好的学习习惯。

"骐骥一跃，不能十步；驽马十驾，功在不舍"，有些孩子天赋不是很好，但在小时候就已经培养出了坚韧的心性，他们取得的成就，往往比那些聪明却不踏实的孩子大。

一般人会经历幼儿园、小学、初高中、大学的学习过程，这大概需要十几年之久，才算是接受完了基本教育。由此可见，受教育是一个漫长的过程，在这段时间里，父母完全没有必要揠苗助长，让孩子提前弄懂未来的课程，或者希望孩子小小年纪就懂得很多大道理。

教育是潜移默化的，不能掺进功利性，年年都有学生因为学习压力大而过早葬送了自己美好的年华，这提醒我们要注重孩子的心理健康问题。教育，教的既有文化知识，也有人生哲理，服务于人的一生，所以老师们把重点重复了又重复，也经常讲一些道理给孩子们听。

教育是一种"慢"艺术，如果说每个孩子都是一株农作物，受教育的过程，就是慢慢接受阳光雨露、施肥浇水、锄草捉虫的过程，在这期间慢慢长大。教育的节奏十分舒缓，却能够影响人的一生。

03

学会放手，给孩子成长的自由

鲁迅先生曾在《狂人日记》里发出呐喊："救救孩子！"那是因为封建礼教对人荼毒至深，先生不忍稚子们的思想被其影响，不想孩子们的命运像前人一样身不由己，想为孩子们争得一片自由之地。现在来看，鲁迅先生的目的达到了，他的文章使很多人受到鼓舞、启发。那么，孩子们是否应得到更大的自由空间？答案是应该。

在孩子年幼时，普遍都比较懵懂无知，跟父母闹矛盾可能只是因为只吃零食不吃饭、不想做数学题、周末想赖床等种种小事。事情争论的结果，自然是父母一方取得压倒性胜利，孩子乖乖地听从父母的意见，连每天吃几颗糖都被父母控制着。一脱离幼年时期，孩子就开始让父母头疼了，各种各样的问题层出不穷，父母都开始惊讶：我的孩子怎么突然长大了，做事情都要自己拿主意了。

当孩子想要自由时，父母都比较警惕，担心一旦自己松手了，孩子就会摔倒、吃苦头。我们身边有很多这样的情况：一个人上的所有学校都是父母挑好的，专业是父母让学的，工作是父母希望自己从事的……恐怕连将来几岁结婚、几岁生子都是听从父母的决定。这样的人一路走过去，看似顺风顺水，心里却充满了迷茫，自己是为父母而活的吗？自己想要做什么？

在某种程度上，父母自小到大对孩子的关心和照顾，会压抑孩子的天性，束缚了他们的自由和创造性。有句"更多选择，更多欢乐"的广告词，对于孩子来说，如果能够自己做选择，相信很多人的人生都会是一番不同的模样。

自由，是很多人所追求的状态。作为父母，可以多给孩子一些空间，让孩子做自己喜欢的事。多给孩子一些选择项，看看孩子究竟想学什么。每个人都有独特的天赋，有空间才能施展出来。等孩子大了，可以让孩子自己选想走的路，想学的专业或者想从事的工作，因为这些都是孩子自己所喜爱的，而兴趣是最好的老师，他们肯定会做好。

每个人都是独立的个体，也都有自由的权利。研究也表明，人在自由状态下会压力骤减，更容易产生幸福感。身为家长，应该对孩子少一点束缚，在孩子遇到问题时，给出自己的参考性意见，让孩子自己选。总是自己做决定的人，一般都比较富有责任心，处理事情的能力也比其他人强很多。所以说，给孩子自由，是让孩子达到至善的必由之路。

04

在悠闲中学习

心在悠闲时，学习才能真正地开始。悠闲并不是强调环境的舒适，它更强调学习者拥有一个平和的心境。悠闲意味着用安静的心态去观察身边及其内心正在发生的事情，去倾听、去观察；悠闲意味着拥有平静的心，没有动机和目的，没有崇拜，没有恐惧。

心在悠闲中最能观察到自己真实的样子，而正确地认识自己是一个人成长过程中最重要的事情。而实际上是，我们都会或多或少的高估自己，或是无意识地把自己的优点扩大、缺点缩小。因此，在成长过程中，我们首先要关注的是自己，学会关注自己才能学会关注他人。而想要关注自己，就需要我们真正地静下心来，认真地反思自己的言行。

真正的学习不会在"说服"的土壤中生长，也无法被强迫。自由舒适的学习环境需要老师和家长共同去创造，这样的学习环境应该是轻松的、自由的、无功利性的。它鼓励孩子自由地在知识的殿堂里遨游，而不仅仅是学会社会所需要的技能。

相比于成人，儿童更容易进入到这种"学习"的状态，他们也更能单纯地享受到读书带来的乐趣，在悠闲中读书，恐怕成人有很多的地方需要像儿童学习。因此，尽量少打扰正在体验中的儿童，不要为了指导、教训他而打扰他自由而悠闲的学习过程。

学习是一个终身要做的事情，它不仅仅是为了生存，更是一个提升自我、丰富人生和享受生活的过程。这就需要我们要学会在悠闲中学习，就像孩子那样，不为学到这个知识能获得多少的技能，只是单纯地享受学习知识的快乐。

现代社会的生活节奏普遍较快，人很容易忙碌起来，但当心灵被各种事务充斥填满时，就算拿起书本，眼里看的是字，心却来不及汲取其中的知识。所以，可以制订一个学习计划，拿出固定的时间段去学习，心无杂念，全身心地投入进去，人的心就会在书中闲庭信步了。

心灵的悠闲自由是一个人长时间维持学习的基础，很少会看到某一个人能够痛苦地坚持做一件事。在有限的心境下获得阅读的乐趣、学习的乐趣、成长的乐趣，这将会成为一个人一辈子的财富。

05

父母要接纳孩子，也要接纳自己

　　生命是一个自然成长的过程，每个人来到世上，都会慢慢长大。当两个人组建家庭后，各自的身份发生改变，等孩子出生后，每人就又多了一个新的身份。被改变的不只是身份，人的生理、心理也会有所变化，这些变化可能会让人在短时间内无法适应。而后，在亲子相处中，双方逐渐表露出来的问题，也让人一时难以接受。这时候，就要学着接纳自己、接纳孩子，让自己成为优秀的父母，也让孩子得以快乐成长。

　　接纳自己的新身份，负起该负的责任，对自己的错误要及时改正，对自己的缺陷要加以包容。为人父母不是一件容易的事，自己之前一直享受家人的爱护，对孩子却是要付出很多，心理上难免会有落差。但孩子是夫妻爱的结晶，抚养孩子长大是自己该尽的义务，如此一来，不管照顾孩子有多苦多累，也是甘之如饴的。有的时候太过疼爱孩子，要是因为自己的缘故让孩子受伤了、难过了，父母心里自然是自责不已，这时对错误有则改之无则加勉就行了。至于自己的缺陷，也许自己不如别的父母那么多才多艺，不能教孩子才艺；也许自己挣钱不多，无法给孩子提供好的生活条件；也许……人都有缺陷，但只要给孩子的爱是完整的就够了，父母的疼爱，本来就是孩子最想要的礼物。

　　包容孩子的缺点，接纳孩子的一切，帮助孩子成为更好的人，就是对孩子最高等的爱。尽管大多数时候，孩子都是可爱的、贴心的，但孩子犯错误时也经常会把父母气得火冒三丈，又或者是孩子在某一方面格外薄弱，达不到父母的期望时，父母既无奈又生气，往往不知如何是好。尝试着接纳孩子的一切吧，作为最爱他们的人，父母的耐心和温柔是治愈孩子的良药，批评、责骂会让孩子心生害怕，更不敢尝试不擅长的事，温柔待之，孩子才会慢慢修正自己。

接纳自己并不意味着要让自己为孩子付出所有，接纳孩子也不意味着对孩子一味地溺爱，而是说，在这两种接纳里，找到处理亲子关系的平衡点。不委屈自己，不辜负孩子，双方都能得到快乐。

06

倾听孩子的心声，让孩子的话经耳入心

在中国的传统观念里，父母两人，在教育孩子时，要一个唱红脸一个唱白脸，不是严父慈母就是严母慈父，两人配合起来教育孩子。孩子比较畏惧严厉的人，双方间的对话势必较少，孩子说上几句就想结束话题，对方自然没机会知道心里话。孩子愿意靠近慈祥的那个人，但慈祥的人往往话多，自己唠叨起来没完没了，孩子的心事本来就比较微妙，一听唠叨，就不想说了。所以，要想洞察孩子内心的需求，必须让孩子多开口说话，父母要学会倾听。

要想倾听到孩子的心声，做家长的可以参考这三个步骤：

第一步，尊重孩子，停下手边的事，专心听孩子的话。人的精力是有限的，一心二用会大大降低做事的效率，唯有专注，才能迅速抓到重点。

在孩子想要与父母交流时，父母一直忙别的事会很容易打消掉孩子的倾诉欲望。所以，就像尊重朋友那样尊重孩子吧，给孩子一部分时间，先不急着忙，静静地听孩子讲诉。

第二步，不要急躁，耐心地倾听，试着理解孩子的真实意图。孩子也会有自己的小心思或者是奇特的想法，有时候他会意识到自己心里的想法是不太正确的，说话时就会难以启齿、吞吞吐吐，家长更会不知所云。这时候家长要耐心一点，分析孩子话里的关键词。有时候，孩子受了委屈或者正在生气，情绪不稳定，更要温柔安抚，弄清发生了什么事。

第三步，不要发表太多意见，引导孩子进行自我思考。孩子在成长过程中，难免会遇到各种烦恼，有些父母在倾听时，想直接帮助孩子解决问题，就凭着自己的人生经验，说出一堆指导意见。但真正的倾听，是少说多听的，要有意识地引导孩子分析问题，在分析过程中，孩子会想出大致的解决方案，而这有助于增强孩子的独立能力。

让孩子的话经你的耳入你的心，倾听孩子内心的声音，让心与心之间更加贴近，亲子关系更加融洽。

07

在亲子关系中反躬自问

在面对亲子问题时，面对问题的态度才是关键。父母要提供环境和引导，但不能执着于孩子必须按照父母设计的轨迹成长。更为重要的是，在孩子成长的过程中，父母要时时反躬自问，在陪伴中逐渐成长为更加合格的父母。

在迎接新生命的降临后，初为父母的人的心情往往既激动又茫然，并不知道该如何培养孩子、如何与孩子相处。经过不断地摸索，才有了相对固定的和孩子相处的模式，建立起或和谐温馨或外冷内热等各种类型的亲子关系。但亲子关系不是一成不变的，亲子相处时出现的众多问题会让彼此间的关系更加亲密或者走向恶化。父母在发现问题时，既要帮孩子纠正错误，也要反躬自问，进一步完善自己。

在孩子的成长过程中，他们的生理和心理都在不断地变化，个子越长越高，越来越有自己的个性，父母应该尽力接纳这些，多包容孩子。进入青春期的孩子几乎都有叛逆心理，独立意识逐渐增强，开始有了自己的品位和观点。此时，两代人的观念多会产生分歧，不耐心解决问题，便会导致矛盾的产生，父母抱怨孩子脾气古怪不听话，孩子嫌弃父母思想老旧管太多。有句话说，当青春期撞上更年期，家庭便永无宁日。但事实并不尽是这样，家长的自省就是陪孩子安然度过青春期的不二法宝。比如说，在与孩子争吵后，反思一下自己的语气是不是太强硬了，是不是不该为小事大发脾气等。

在亲子关系中，家长首先要身正为范。俗话说，"说得好，不如做得好"。家长与孩子生活在一起，一言一行都躲不过他们的眼睛，自然也就成了孩子的最直接的老师，所以家长要懂得一个道理，与其让子女去做什么，不如自己先做一个示范：让孩子早晨锻炼身体，自己就不应睡懒觉；让孩子孝顺父母，自己就应先孝敬老人；让孩子成为好孩子、好学生，自己就应是家中的好家长、单位中的好职工、社会中的好公民。

一个学生家长就曾深有感触地说：以前自己无所事事，整天混日子，却对孩子的要求很高，效果不佳；后来认识到自己的不足，开始勤奋工作，年终被评为"生产标兵"。这位家长用自己的行动为孩子树立了榜样，结果孩子也发生了很大的变化。相反，家长要求孩子看书去，而自己却与"狐朋狗友"喝酒、玩麻将，其效果是可想而知的。

家长是孩子的第一任老师，孩子的一言一行都会受家长的影响，但我们又不是完人，不可能什么事情都做得好，什么事情都能向孩子解释清楚。因此，时常反躬自问，反省自己在对孩子的教育中有哪些过失，有哪些成功的地方需要继续努力，让自己和孩子一起成为更好的人。

08

站在孩子的角度，学会共情

共情意识指站在对方立场设身处地思考的一种方式，即与人际交往过程中，能够体会他人的情绪和想法、理解他人的立场和感受，并站在他人的角度思考和处理问题。在与孩子相处的过程中，孩子常常会做出我们不理解或是让我们很尴尬的事情，这时候就需要家长有共情意识，充分地站在孩子的角度想问题，也许很苦恼的事情就会变得容易理解。

现在仍然有很多家长和老师信奉"棍棒出孝子""不打不骂不是爱"的教育原则。这也许是这些家长和老师在自己的成长过程中，也吃过不少的棍棒，于是推己及人，觉得在行使教育权利的时候，也必须实行体罚和精神暴力。

共情意识应该要出自非主观以及外界客观的因素，也就是说并非"我认为是这样"，或者"别人说是这样"，而是将心比心，"己所不欲，勿施于人"。

当意识到这一点之后，我们要做的是站在孩子的角度去思考问题。对于孩子来说，可能他的每一个行为都不是故意的。当他在饭桌上哭闹时，我们可以试着站在孩子的角度去想，孩子是不是哪里不舒服了；当孩子不愿意我们进他的房间的时候，我们也不要立马责备他或是怀疑他，应该给予他充分的信任，建立互相信任的亲子关系；当孩子的成绩下降时，我们是不是可以放平心态，将这件事放在孩子一生的成长中去看，而不要因为一次的失利就否定孩子的未来。

家长要做到共情意识，首先要做到这几件事：

第一，孩子调皮时，要努力控制自己的情绪，给自己更多回旋的余地。共情意识产生的基础是一个理性的、平和的心态。生气和抱怨不会有好的处理结果，甚至会将你和孩子的距离越拉越远。

第二，认识自己，因为各种环境和人为的原因，我们在小时候可能没有得到来自父母的足够的关怀，这并不能成为我们打骂孩子的理由。

第三，孩子和我们观察这个世界的方式有很大的不同，父母常常有选择地忽略这一点，用成人的道德标准来要求孩子，这会在孩子和大人之间产生隔阂和分歧。遇到事情如果能多以孩子的角度考虑，父母与孩子的距离也就会拉近很多。

09

父母真正的爱是不逾矩

在我们的传统认知中，父母对我们的人生具有指导意义，父母在很多时候会充当"决策者"的角色——而父母也非常理所当然地充当着这样的角色，他们非常乐意用"我吃过的盐比你吃过的饭都多"这样的传统俗语来证明自己的"正确性"，并且许多时候他们还会软硬兼施以保证孩子的生活轨迹朝着自己希望的方向铺展开来。

现在，不难听到"我爸妈让我学的这个专业""我爸给我选的学校"及"我家里不同意我去做别的工作"这样的抱怨。这些抱怨产生的根本原因，在于有些父母不愿意给孩子腾出一些自主的成长空间。

包容和理解原本是孩子和家长正常关系的基础，现在却变得越来越难能可贵。

开明的家长会注重培养孩子的独立性，鼓励孩子自己做选择，而不是大包大揽。有些孩子既可以在小时候选择穿自己喜欢的衣服，也可以在长大后去读自己感兴趣的专业，他们所做的决定不一定都是正确的，但跟那些被父母设定好人生道路的孩子相比，他们的生活更丰富和有趣，他们的独立能力相对更好。

有些家长在给孩子空间后，却看不惯孩子的做派，这时候不要急着发布"你该怎样怎样"的指令，而应该用认真而谨慎的态度，提供给孩子一些好的建议，而后让孩子自己做决定。这样的做法会让孩子有更多的权利空间和选择去做自己喜欢的事情，而不仅仅是"更合理的"事情。对于父母的合理建议，孩子也会认真考虑，为自己的未来做打算。

遇到包容的父母，孩子无疑是幸运的。正是父母对孩子的包容，让孩子可以更加勇敢地面对生活中的困难，对自己的选择能够承担起相应的责任。而那些牢牢管制着孩子的父母，常常让自己的面子占据自己的思想，占据孩子的生活，以"爱"的名义约束了孩子的成长，他们很难理性地包容孩子，很难为孩子的自由成长腾出空间。

真正的爱，应该是包容的、谨慎的、不逾矩的。它能够让每个人都找到最好的位置去关照对方，去温暖彼此，在需要的时候去支持、去理解，而不是横加干涉，不是将自己的愿望强加于人。将自己的人生寄托在另外一个人的身上，那只会是一种负担。

10

敢于认错，与孩子坦诚相待

天下没有完美的父母，也没有完美的教养方式。而正是不完美的父母和不完美的教养，才构成了这样一个真实的、带着烟火气息的世界。温尼科特说，一个好妈妈和一个坏妈妈的区别，不在于会不会犯错，而在于当犯了错误，你如何和孩子一起去处理这个错误。孩子的世界天真无邪，很难接受谎言和欺骗，如果父母有所缺陷或者犯了错，应该对孩子坦诚，这才是最好的使孩子理解生活真面目的方式。

当然，承认自己的错误，与孩子坦诚相待是不容易的，很多父母放不下自己的架子。不难理解，每个父亲或母亲都把孩子当作心肝宝贝，将自己定义为孩子的守护者，总是把自己塑造成一个没有缺陷的人，以此来维护自己在孩子心中的光辉形象。在一部电视剧里，有位父亲明明是只会一点太极拳，却告诉儿子自己能用手劈开砖块，儿子听后很高兴，为自己有这样一位武艺高强的爸爸而自豪。现实里有些父母也是这样，容易在孩子面前夸大其词，沉浸在孩子崇拜的眼神和话语里。可牛皮是会吹破的，当孩子知道真相后，局面就很尴尬了，还不如诚实地告诉孩子自己有几斤几两。

坦诚相待，是尊重孩子的体现，还能让孩子从中学习很多处世之道。当儿子询问母亲"为什么你穿高跟鞋"时，母亲可以避重就轻地回答"这会让妈妈更漂亮"，也可说出事实"妈妈比较矮，穿高跟鞋会让妈妈看起来高一些"。年幼的孩子总是有太多的"为什么"，父母若是能够诚实直接地回答，就相当于带孩子领略生活的真实面目，有助于孩子形成正确的三观，做一个诚实的人。

世上没有完美的父母，人人都会犯错。父母要坦诚相待，勇敢地向孩子展露自己的缺陷和不足，同时表达自己对孩子的爱意，孩子会予以理解。有些人认为孩子比较天真，很容易哄骗，实际上，八岁以后的孩子就能进行逻辑思考了，有了自己的评判标准，所以坦诚相待是十分有必要的。

很多父母害怕自己在孩子面前露怯就不敢和孩子坦诚相待，面对自己所犯下的错误，总是找各种借口加以掩饰，殊不知，这样的做法只会让孩子对你失去信任。坦诚相待，作为家长首先要认识到自己并不是完美的，即便是在孩子面前，父母也不要害怕露出自己某方面的短处，那些让孩子看到有缺陷的、真实的父母，远比一直掩饰自己不足的父母要勇敢和真实得多。

11

鼓励孩子多接触自然

"我告诉爸爸，我告诉妈妈，今天我不想去把琴练，也不想把那画笔拿，我只想痛痛快快地玩泥巴。我捏的小狗汪汪叫，我捏的小猫摇尾巴，我捏的小鸟飞呀飞，我捏的小人乐哈哈。"上述内容出自儿歌《玩泥巴》，虽然简单明了，却也反映出了孩子渴望接近大自然的天性，以及亲近自然有利于提高孩子创造力的事实。大自然是最好的课堂，又是一部活生生的教科书，在城市化的现代社会，千万不要忘了让孩子回归自然。

随着科技的发展，孩子们接触最多的就是各类电子产品：手机、电视、电脑、游戏机等，这固然丰富了孩子的娱乐生活，却也限制了孩子的天性。研究人员指出，相比起看电视、上网，户外活动更能锻炼孩子的生活能力，有益孩子身心健康。此外，多接触大自然，还可以提升孩子的想象力和创新能力。欧美各国早已提倡让孩子回归自然，并出台了不同的任务要求：澳大利亚列出了户外活动清单，美国鼓励孩子玩沙子……

在我国，家长文化素质慢慢在提高，很多家长明白：让孩子快乐幸福地成长才是更好的教育方式。很多年轻的家长逐渐把孩子培养成一个懂得与自然和谐相处，懂得敬畏自然，懂得享受生命的人。父母们可以寻找时间，陪孩子去旅游、野炊、踏青等，一起接近大自然。野外空气清新，让孩子闻闻自然的味道，感受青草香和花香；大自然里有众多动物，父母可以让孩子观察、为孩子介绍各种动物，增加他们的见识；哪怕是带着孩子去农家乐，也可以让他们见识到一派祥和的田园风光，了解农作物和家养动物……不管怎样，一家人走进自然，感受美景，让孩子亲身体会自然的奥妙，解放孩子的天性，一定是幅其乐融融的画面。

长期接触自然的孩子，他们会有广阔的视野和博爱的胸怀，对生命更加珍惜热爱，会注意到周围那些细小的感动。在他们身上，既有植物生长的坚韧，又有动物奔跑的活泼，还有皎洁月光的温柔，更有微风拂面的舒适……这样的孩子，是真正的自然之子。孩子的内心充满着对自然的热爱，也必定会热爱生活，热爱一切美好的事物，最终会成为一个品德高尚、品位高雅的人。在面对生活的困难时，也会有一股韧劲，用坚定的意志克服困难，勇敢地面对生活。

12

以孩子为师

在孩子的成长过程中，父母是孩子的第一任老师，教孩子说话、走路、吃饭、穿衣等基本生活技能。等孩子稍微长大一些，又教他们遵守各种规则，灌输给他们人生经验和哲理。孩子从父母那里学到了很多本领，但孩子也有其独特之处，值得家长学习。

孩子都比较天真烂漫，心思干净纯洁，未经过社会的打磨，容易跳出条条框框的限制，对事情往往拥有独特的见解。有一位父亲带着女儿观看广场上残疾人的表演，一曲唱毕，一个残疾人绕场收费，这位父亲发现没有带钱，觉得十分尴尬。小女孩却突然说："没有带钱，我们送给他们一些掌声可以吗？"说完就随着音乐拍起了手，残疾人大受感染，对他们深鞠一躬。这位父亲汗颜了，女儿教会了他：尊重比施舍更重要。生活中还有很多这样的例子，孩子的视角总是跟大人不一样，而他们充满童真童趣的行为，以及行为下隐藏的童心真心，值得大人向他们学习。

从教育方面来说，以孩子为师，可以充分调动孩子的学习积极性，培养孩子的自信心和责任感。有一个孩子不爱背古诗，他父亲就想了一个妙招：每两天在墙上贴一首诗，让儿子做老师，教他背诗。他儿子一听，表现得十分热情，先是拿字典查生僻字，还跑去请教老师故事的含义，做好准备后为父亲上课，监督父亲背诵。这个孩子自从做老师后，变得喜欢背诗了，还十分享受做老师的感觉，经常给家里人出题，再为他们讲解。时间一长，孩子的学习成绩名列前茅，人也开朗了，还能把自己的事情处理得井井有条。

由此可见，逆向思维可收到奇效，孩子一直都在被教育，有时候想学有时候不想学，但当他们处于教育者的立场时，他们会自觉地弄懂知识，教给他人。

坏父母各有各的不同，好父母却是相似的，他们把孩子当作自己的老师，而不是什么也不懂的"等待教育的人"。在优秀的父母眼里，孩子就像小草，必须给予最大的信任和爱，在充分的安全和自由中，孩子才能最充分发挥自己的才能，才能最健康自由地成长。

13

培养孩子的谦卑之心

"我低如尘埃，我仰望云彩"，人生在世，心怀谦卑才能脚踏实地，才能有所敬畏，才能在这谦卑与仰望的过程中获得无穷智慧。心怀谦卑之人，往往把自己放得很低，去观察身边的事物；心怀谦卑之人，对生命、宇宙都有所敬畏，小心谨慎地过着安稳的生活；心怀谦卑之人，心态平稳，眼界宽广，更能领悟到事物背后的深意，更能修炼成大智慧。身为父母，自身也要心怀谦卑，才能领悟生命的真谛，而后教育孩子，让孩子也学会谦卑，在成长中遇到挫折可以安然度过，同时修炼智慧。心怀谦卑的孩子会把自己放得很低，他们容易产生好奇心理，善于观察事物，乐于探索大自然的神秘之处，比如说翻开岩石看下面藏了什么，追踪蚂蚁找到它们的家，大自然是他们最好的课堂。同时，他们对未知事物有敬畏心理，乐于探知其后的秘密。在学习上，他们像是一块海绵，不断地吸收知识，只为弄清楚问题的答案，这类孩子不需家长逼迫监督，便会主动学习。

"满招损，谦受益"，如果孩子不懂心怀谦卑，骄傲自满，迟早会栽大跟头。而心怀谦卑的孩子，性格比较沉稳，虽然不如某些聪明伶俐的孩子抢眼，但一旦接触，就会从心里喜欢上他们的乖巧沉静。随着年龄的增长，他们会愈发内敛，使人心生好感。在遇到挫折时，谦卑的他们依旧心态平稳，会沉稳地去寻找解决方法，而不是手足无措。

拥有一颗谦卑之心，身处低处不焦躁，走到高处不骄纵，这种宠辱不惊的出尘气质，也是大智慧者的象征。在教育方面，不仅仅要让孩子学习知识，让孩子有一颗谦卑之心更为重要，因为这是滋生智慧的摇篮。

反驳"读书无用论"

很多人都说读书是没有用的，而且会以很多身边的例子来加以证明，某某某并没有读书就当上了企业家或是成为很成功的人士。然而，这种"读书无用论"是一种片面的、短视的行为。人们只看到了某一个时刻，一个人才学和他拥有的资源不匹配的情况，便一叶障目，以为这就是全部，却没注意他其他方面的努力和才华，而更多的成功者都是不断学习的。唯有学习，才能带来心与心之间的对等。

教育可以带给孩子一种正确的世界观和人生观，告诉他们人生不仅仅是以金钱为导向，更应该有自己丰富精彩的生活。比如听音乐会、看话剧，甚至是艺术收藏，这都是高层次的精神享受。

学习能够让人拥有独立思考的能力，并有自己的是非观。有独立思考的能力，就不会一味地迷信权威，不再人云亦云，能让人拥有广阔的视野，可以看到这个世界的复杂性和多面性。

为什么说"唯有学习，能带来心与心之间的对等"呢？因为读书会让你遇到同样喜欢读书的人，而相近的价值观是沟通的基础；读书会让你看到更为广阔的世界，接触到更优秀的人；读书是和有智慧的人的一种对话，在这种对话中，会让人的智慧不断地提升，让人的视野开阔，心胸也开阔了。

学习会给人带来更多交流的机会，让人有更多不同的选择。龙应台说过，孩子，我要你读书用功，不是因为我要你跟别人比成绩，而是因为，我希望你将来拥有选择的权利，选择有意义，有时间的工作，而不是被迫谋生。当你的工作在你的心中有意义、你就有成就感。当你的工作给你时间，不剥夺你的生活，你就有尊严。成就感和尊严，给你快乐。

学习和教育最重要的意义就是让我们遇到最好的自己，遇到美好的别人。让我们有机会与优秀的人心与心之间平等地交流。

15

培养孩子不能失去平常心

著名的教育家陶行知先生说过：不要让孩子成为人上人，不要让孩子成为人下人，也不要让孩子成为人外人，要让孩子成为人中人。"人中人"就是"平常人"，就是心地平和、能与人和谐相处的心理健康的人。

很多父母希望孩子要成为"人上人"，有了这种心理，教育孩子就很难科学又冷静。为了让孩子当"人上人"，许多家长逼着孩子拼死拼活地考大学。考试成绩稍差，家长便冷眼相待；如果排名靠后，更会暴跳如雷，甚至大打出手。孩子承受着巨大的思想压力，这样的压力使他们对学习失去了兴趣，失去了持续学习的能力。

培养平常人，要有平常心。所谓做平常人，就是少给孩子提一些过高的、难以做到的要求，而是把人生的道理用最平常最通俗的语言讲给孩子听，并将这种平常心的态度贯彻到日常琐碎的生活中，让他们自己去把握自己的命运。

所谓有平常心，就是让孩子快乐地成为自己。许多父母喜欢支配孩子，喜欢按照自己的愿望支配孩子的未来，逼着孩子去做他没有兴趣的事情。这样的结果只有两个：一是使孩子成为只能顺从地按照别人的意志办事、缺少创造力的人；另一个是引起孩子的反感，使亲子关系紧张，让孩子与父母较劲，你让他朝东，他偏要向西，事与愿违，有的甚至走向了期望的反面。

你想把孩子培养成"伟大"的人，但最可能的结果是孩子很平庸，连普通人也做不好；有些人按照平常人的模式和心态去培养孩子，也许经过或长或短的历练，最后孩子真能成为一个"人物"。

有平常心的父母往往创造出平常之中的不平常。台湾著名漫画家蔡志忠先生教育孩子的信念是：让孩子快乐地一辈子"当自己"。他认为，父母并不是孩子本身，凭什么替孩子决定前途？尤其是依从父母的意愿而不是孩子内心的想法，这根本是本末倒置。他认为孩子的快乐是金钱买不到的，童年也不会重来，强迫孩子学习不喜欢的东西，那份痛苦会成为孩子心里抹不去的阴影。

不要把你的愿望强加在孩子的身上，不要让孩子来实现你自己的愿望。尊重每个孩子的不同，让孩子在规则中找到自己的路，留一个自由的空间，让孩子尽情地成长，完全地自我发展。你的孩子并不是你，你可以给他爱，却不能给他思想，因为他有他自己的思想。

16

平和对话，教育要去情绪化

父母在教育中要努力做到去情绪化管教，什么是"去情绪化"呢？简单来说，就是当你看见孩子把口红涂满大衣、把水弄得满地时，不能大喊一声，然后把孩子丢进小黑屋，而是反复告诉自己，要保持冷静。

在吃饭时，孩子挑三拣四，这个不吃那个不吃；在做功课时，不能老老实实地做作业，一会儿喝水一会儿上厕所；让孩子帮忙做事时，叫了好几声孩子都不动，只顾着玩自己的……

生活里这样的情景是太多了，简直就是在不断地挑战父母的耐心和容忍度。父母们多多少少都会有忍不了的时候，轻则责骂孩子几句、摆出生气的表情来；重则直接上手打、不给孩子吃饭等。但这些方法都会对孩子造成伤害，生活中不乏父母生气时暴打孩子一顿，打完看着伤痕又心疼地抱着孩子哭的例子，所以最好是去情绪化管教。去情绪化管教，可以使家长保持理智，冷静客观地看待孩子的错误，做出正确的处理决定。有些家长一看孩子犯错，顿时又气又恼，对着孩子劈头盖脸一顿骂，孩子吓得瑟瑟发抖，问题还没解决。所以，下次孩子犯错时，与其直接责骂孩子不如在开口前深吸一口气，平复自己的情绪，而后和孩子商量如何解决问题，这样自己既不会生气伤身，孩子也不会心怀畏惧了。

去情绪化管教，能维护孩子的自尊心，让孩子真正认识问题、改正缺点。有这样一个案例，一个男孩语文特别差，父母一提问课文，他就吞吞吐吐地背不出一个完整句子。在心理医生的耐心劝导下，他说出了实情：刚开始他只是没背熟课文，父母提问时本来就害怕，背不出来完整的段落，结果被父母两人狠狠地批评、抱怨了两个多小时，让他对背课文这件事产生了阴影。类似的例子还有很多，俗语说"一朝被蛇咬，十年怕井绳"，孩子暴露出缺陷时，父母的粗暴对待会使孩子恐惧自己的缺陷。如此，倒不如双方心平气和地交谈，帮助孩子弥补缺陷。

去情绪化管教，不断地摸索和孩子相处的模式，成就孩子的良好心态。与孩子发生矛盾时，不要用争执的方法去解决，和平对话，家庭氛围才会更加融洽。父母的处世态度是冷静理智，孩子也会受到熏陶，在今后的人生中仿照父母行事，用理智的好心态淡然处理人生路上遇到的各种问题。

17

尊重才能化解隔阂

父母赋予了孩子生命，提供物质条件供养孩子长大，还付出心血关注孩子的精神需求，可以说孩子最应该感谢的人就是父母。两者关系如此紧密，有时候却会因为教育问题出现隔阂，甚至被割裂开来，实在是令人痛心。而可以有效避免这些问题的方法就是尊重孩子，这是自然法则，也是最基本的教育法则。

要想做到尊重孩子，父母首先要平衡自己的心态，把孩子当作独立的"人"，平等对待。孩子在成长期间，几乎一切都是父母给的，但这不代表孩子是父母的"私有财产"，父母也不能按照自己的个人意愿随意摆布孩子，要明白孩子是一个独立的个体。孩子小时候可能会十分依赖父母，但在成长过程中会逐渐萌发出独立意识，希望得到父母的平等对待，希望父母尊重自己的意愿。所以父母一定不能强求孩子事事都听自己的安排，只有发自内心的尊重，才能建立起和谐融洽的亲子关系。

尊重孩子，也要求父母在教育孩子时信任孩子，这会培养出有自信的孩子。通常情况下，在孩子初次自己去买东西、初次去上学、初次独自旅游的时候，父母都有些担心，唯恐孩子出现意外。而孩子遇到什么困难时，父母心疼孩子，生怕孩子受苦受累，往往直接帮他们解决问题。这些原本是对孩子的呵护，却不利于孩子自信心的培养。父母要有这样的想法：我的孩子能力出众，不管碰到什么问题，都可以完美解决。父母相信孩子了，孩子才会觉得自己得到了父母的认同，才会觉得自己的努力成果得到了尊重，从而对自己更加有自信。

尊重孩子，摒弃严厉教育，用宽容的心去为孩子创造一个宽松的成长环境。有些父母在教育孩子时很严厉，孩子做错一些事情，不问青红皂白就去批评，父母的本意是让孩子成为一个完美的人，但这样却很容易挫伤孩子的积极性、自尊心，牢牢地束缚孩子。孩子的心是脆弱的，不要经常严厉和苛刻地对待孩子，以免孩子变得暴躁、敏感、自卑。只有用真诚、宽容的态度来关注教育问题，才能促进孩子学会如何尊重他人。

尊重孩子，还要尊重自然成长规律，不能揠苗助长。孩子从稚嫩走向成熟，需要很长一段时间，父母想让孩子快点长大，领先他人，就会对孩子提出诸多要求。但这些要求往往让孩子疲惫不堪，对学习产生恐惧厌恶之情。不如尊重孩子的成长步伐，该玩耍时就让孩子玩耍，让孩子按时生长，是对孩子、对生命的尊重，也是教育的基本法则。

18

功课好，就是优秀的孩子吗

自隋朝起，历代皇帝开始用科举制选拔官员，学而优则仕，读书考试几乎成了百姓获取功名的唯一途径，甚至还出现了"万般皆下品，唯有读书高"的理论。千百年过去了，读书仍受民众关注，孩子们要经过十几年寒窗苦读才能毕业，上学期间要考试很多次，而每一次的考试成绩，家长都比较关心，甚至以此来判断孩子是否优秀。但只关心孩子功课无疑是极为片面的，真正的优秀是一种综合品质，要求孩子在功课、品格、修养等方面全面发展。

"分分分，学生的命根"，每到考试，学生们都会紧张起来，唯恐自己的成绩不好，被老师、家长批评。但"只以成绩论高低"的教育风气是极为不妥的，这一方面会对孩子产生心理压力，另一方面抑制了孩子的全面发展，甚至造成"高分低能"现象的出现。著名女作家龙应台曾写给儿子：作为母亲，我不要求你取得多少世俗意义上的成功，只愿你做一个快乐的人，如果你喜欢，你可以去给大象洗澡，给河马刷牙。她的这种心态引发了很多家长的讨论和学习，并被广为认可。

要想成为一个优秀的人，高尚的品格和良好的修养是必不可少的。功课能反映出孩子的智力高低和勤奋程度，而品格和修养折射出来的却是孩子的内心和灵魂是否纯净美好。如果家长忽视了这两方面的培养，必定会追悔莫及：品格低劣的孩子，行为恶劣易误入歧途，屡犯错误而不知悔改；

没有修养的孩子，不会尊重他人、没有礼貌、素质低下，则很难受到别人的喜爱和欢迎。家长从小就要注意孩子的德行，德行出众者，心胸开阔，行事稳妥，彬彬有礼，品质高洁，身上自有一种难得的君子风范。

功课好只能证明学习文化课的能力较好，而要想让孩子在激烈的竞争中立于不败之地，还要让他们拥有更多的能力。曾有人以高分考入名校，却因生活不能自理而被劝退，这说明独立能力很重要；孩子长大难免要与形形色色的人进行接触，如何能够和别人友好相处，让自己拥有好人缘，这要求父母帮助孩子培养交际能力；孩子在功课方面表现平平，却很喜欢某种才艺，才艺突出也是一种优秀……无论孩子在哪一方面能力出众，都有利于将来在社会上找到自己的定位，应该受到家长的鼓励和支持。

优秀的定义不仅仅是功课好，人生路漫漫，眼前孩子功课如何并不是判断孩子是否优秀的唯一依据，只有全面地培养孩子的品德和能力，才能在未来成就优秀和幸福的孩子。

19

培养正义感，让孩子有责任、有担当

我们都希望自己生活的社会是充满正义感的，希望自己的孩子是一个有责任、有担当的人。在日常生活中，我们该如何培养孩子的正义感呢？同情弱者，遵守社会良知，是正义感的一种重要表现方式。在学校的各种教育中，有很多活动可以培养孩子的这种品质。比如为残疾人募捐，不歧视残疾人，就是一种在爱心依托下的健康而正义的行为。

无论是对孩子还是对大人而言，正义感和爱心都是相辅相成的。我们很难想象，没有爱心的人，怎么会有正义感？同时，正义感的爆发，有时候又是一瞬间的，不加思索的，比如那些在紧急情况下的舍己救人行为。培养孩子的正义感，应该从爱心教育抓起。有爱心的孩子，更有可能把目光投向周围的弱势群体，了解他们、尊重他们、帮助他们。

文化对人的影响是潜移默化、持久深远的，家长可以有意识地引导孩子多接触三观端正的优秀文艺作品。比如说给孩子看包含公平正义思想的故事读本，讲述有关法律的知识，教孩子背诵正气凛然的诗句。孩子可能暂时不能完全理解里面的深意，但公平正义的种子会在他们心里生根发芽，影响一生。

父母是孩子的模仿对象，父母的行为无疑会对孩子的行事准则造成影响。一个自私自利、不遵守法律法规的家长，在和孩子讲公平正义时，是毫无底气支撑的，甚至带着讽刺性。这就要求家长加强自身关于公平正义的道德素养。

要在实践中培养孩子的正义感，从生活的方方面面做起。平常带孩子外出时，无论是排队等候，还是看红绿灯过马路，抑或在公交车上让座等，家长全都按规则做事，孩子就会明白原来这件事该这么做，这也有利于孩子拥有浓厚的法律意识。带孩子去捐款，与孩子一起为贫困弱小者送去温暖等行为，则会让孩子学会体恤他人，让孩子拥有博爱的胸怀。

"石可破也，而不可夺坚；丹可磨也，而不可夺赤。"人们的正义感，应该像石头一样坚硬，像朱砂一样赤红。从小开始培养孩子的公平正义感，对于一个人的成长非常重要，这也是社会对每一个人格健全的人的要求。

下篇 ＼ 别让人生输给心情

第一章
／ 情绪会伤身，小心坏情绪带来身体疾病

负面情绪，伤心又伤身

当在生活里遇到不顺心的事时，人们的心情很容易变坏，产生各种各样的负面情绪。工作上出现难题时，家庭不和睦时，人际关系紧张时……外界环境不利于自己，自身条件又不过硬，很少有人能够保持乐观积极的心态，很难始终保持对自己有信心、对未来充满希望，然后各种负面情绪就出现了：苦闷寂寞、悲伤难过、愤怒嫉妒、烦躁不安……这些情绪会危害我们的身心健康。

一方面，中医讲究"怒伤肝、忧伤肺、思伤脾、恐伤肾"，可见负面情绪对人体的危害极大。举例来说，焦虑会让人失眠，悲伤会让人食欲不振，惊恐会让人无法集中注意力等，一旦负面情绪扰乱了我们的正常生活规律，健康就会出现问题。另一方面，当我们的心里充斥着负面情绪，就无法用正常的眼光看待世界，心里会逐渐变得消极、阴暗，如果一直沉浸在负面情绪中无法自拔的话，会患上抑郁症等精神疾病，甚至选择自杀。毫无疑问，负面情绪的确伤身又伤心，我们要尽力避免自己陷进"负面情绪"的

泥潭。

生活随时都可能显示出狰狞的那一面，打得我们措手不及，产生负面情绪，这时就要靠我们自己的努力，控制自己的情绪不进一步恶化，调整到正常状态。可以试试以下几点：

第一，心理暗示法。可以喊出响亮的话语，比如"我很快乐"，也可以在心里默念，暗示自己"我很棒，我一定会解决问题"，这些可以在一定程度上使心态变得积极。

第二，转移注意力。当一个问题让你焦虑、担忧时，越烦躁越找不出解决方案，这时候可以去做感兴趣的事，或者去看看笑话、听听相声，让自己的大脑换个思路，从而达到放松的效果。另外，也可以去换个新发型，调整服饰、形象等，将自己的注意力放到别处去。

第三，选择宣泄。心情不愉快时，一直憋着很伤身体，必须找到某些途径发泄郁闷之气。途径有很多：将烦心事倾诉给朋友；大哭一场，将毒素排出；高声放歌，用音乐治愈自己；写心情随笔，把心里话都记录下来等。

第四，按规律生活。人体有自己的生物钟，按时做事，身体就会正常运转，不要因负面情绪而改变作息，打破平衡。如果觉得心力交瘁，就去跑步运动，将身体的精力消耗掉，这样就很容易入睡。

产生负面情绪并不可怕，可怕的是受到它的消极影响，让自己的身心遭到伤害。因此，我们必须掌握一些调控负面情绪的方法，及时地让自己脱离负面情绪的魔爪。心态消极时，人们做事的效率就会大大降低，甚至逃避应该承担的责任，这是对自己不负责的行为；只有保持积极的心态，让自己的情绪正面化，才能使身心朝着积极的方向发展。

02

肩膀沉重，有可能是负面情绪过盛

肩膀出现僵硬或酸痛的情况，可能是每一个上班族或劳动工作者都曾出现的情况，很多人都以为这是因为太过劳累造成的，但劳累是一方面，肩膀出现问题，很大原因是因为它扛起了太多负面情绪。

一般来说，由于体力工作引起的肩部酸痛，贴一些药剂贴布、换一个舒适的枕头、泡泡热水澡、按摩一段时间，就会好转很多，让肩部轻松起来。但是，当这些疗法不起作用时，我们就该反思一下，最近自己的情绪是不是有些负面了。情绪的变化，能够直接导致身体器官出现变化，肩部就是一个例子。

当一个人心态积极时，他的肩膀会很挺拔，仿佛在时刻准备着迎接生活的挑战，显示出无所畏惧的气势。当他的情绪变得消极时，肩部就会不自觉地塌陷下去，就像是有无形的压力压在他的肩膀上，长此以往，肩部自然不会挺拔如初，形状也会变得有些畸形，还可能会出现一系列肩部疾病。

举例来说，一个人心生恐惧时，肩部会瑟瑟发抖；一个人觉得受到了威胁时，肩部会绷紧，呈现出保护自我、蓄势待发的样子；一个人时不时地耸肩，意思是"不知如何是好""不赞同"或是"不想涉入"，他的心情就是抗拒外界，有些不耐烦。这些都只是轻微的负面情绪，肩部也不会太难受，还有更严重的情况，当一个人在压抑自我、面临巨大压力时，他的肩膀是紧绷、僵硬的；当一个人因压力过大而放弃抗争时，他的心情是消极的，放纵自我，肩部会下垂。与此相反，一个人肩膀不自觉耸起，说明他处于巨大的恐惧和焦虑中，才会陷入这种自我防备的状态。一个人强作镇定、虚张声势时，内心处于不安状态，心理比较脆弱，肩膀就会后推，造成不自然的挺胸。

值得注意的是，如果负面情绪得不到有效调控，肩膀就会处于上述那些不自然的状态，这势必会影响肩部骨骼的正常生长，肩部肌肉也会处于疲劳状态，很容易诱发肩部疾病。

综上所述，在大多数人眼中，只是由于太操劳或睡不好而造成的肩膀疾病问题，其实是因为肩部扛起了太多负面情绪。下次你的肩膀再有疼痛感时，一定不能忽略，应该注意到这其实是肩部在提醒你，要立刻解决那些没有得到重视、没有及时调控的负面情绪。

03

情绪不佳会直接导致头痛

据调查显示，头痛是最常见的疾病之一，在因头痛而就诊的人群里，有高达五分之四的患者，认为情绪和头痛有很大的关联。这些患者根据自己的亲身体会，说每当疲惫、紧张、迟迟入睡时，就会出现头痛症状，而当自己情绪发生较大波动，出现负面情绪时，焦虑、悲伤、愤怒、恐惧等情绪会导致身体不适，而头部最为敏感，最先表现出不适状况，比如头昏脑涨、头痛欲裂等。可以说，人脑是负面情绪最直接的受害者，情绪来袭，往往"首"当其冲。

大量的医学研究表明，情绪不佳会导致脑部疼痛。脑部神经密密麻麻，有诸多功能，其中有一部分就是主管情绪活动的高级中枢，被称为边缘系统。当人体产生负面情绪时，就会刺激到边缘系统。然后，边缘系统会向高级神经中枢传递致痛信号，人体就会分泌出有致痛作用的化学物质，增高血液中的致痛物质的浓度，使血压升高，血液流通速度加快，部分脑血管就会扩张，人体就会出现头痛症状。

有一份有关头痛的流行病学调查，也同样可以证实头痛的发生与患者的情绪有关，那些情绪不稳定的人，比常人更容易出现头痛症状；而在偏头痛患者中，焦虑、悲伤、消极、低沉等不良情绪占有很大一部分比例。由此得出，为了做到有效预防头痛，关键就是培养乐观豁达的性格，让自己保持良好的心态。

首先，生活要有规律，保证充足的睡眠时间。当人清醒时，大脑一直在运转，脑细胞处于高度活跃状态，只有在人入睡时，大脑才能放松下来，进行自我修复。所以，不要打乱自己的生活作息，按照生物钟准时睡觉、起床，才能有充足的睡眠，让大脑在这段时间好好休息、放松。一旦睡眠不足，脑细胞活力不足，神经紧绷太久，很容易引起头痛。

其次，用脑时要有张有弛，不要强迫自己长期处于兴奋状态。不管工作任务有多繁忙，当大脑有些疲倦、工作效率降低时，都要抽出几分钟，放空大脑，可以什么也不想，闭上眼睛，自己按摩眼部、头部；也可以离开座位，活动活动，转转脖子伸伸腿；还可以站在窗边，看看外面的绿色，净化眼睛，舒缓大脑。在放松之后，脑部就又充满活力了。此外，不要通过喝浓咖啡、听摇滚音乐等方式来刺激大脑，否则大脑兴奋的时间过长，透支了活力后，人就会觉得头痛欲裂。

再次，要给自己积极的心理暗示，及时化解压力。人的心态不同，想法不同，心情就不同，身体反应也不同。比如说，同样是加班，有人心态消极，想着我真命苦、工作什么时候才能做完，然后唉声叹气，心不甘情不愿地加班，头部就会发出疲惫信号；有人心态积极，暗示自己加班的话就有加班费，一会儿做完了就可以回家吃饭啦，如此自然是干劲十足，心情愉悦。

最后，可以抽出时间多做运动，比如爬山、散步、慢跑等。通过适当地运动，大脑的工作状态会由兴奋慢慢转化为休息；还可以加速全身的血液循环，为大脑提供更多氧气，促进大脑代谢的速度，保持头部的健康。

焦虑易引起颈椎病症状

头颈部的症状，如疼痛、僵硬、乏力、酸胀不适等这些症状是颈椎病的常见症状，因此，很多人在遇到类似的症状之后，就按照颈椎病的治疗方式治疗，但却久治不愈。当对这类患者进行抗焦虑药物治疗后，症状常常很快好转，或明显减轻，这说明颈椎疼痛的症状有一部分是由焦虑引起的。

为什么焦虑症或焦虑情绪会引起类似颈椎病的症状呢？主因就是焦虑症患者太过压抑自我，无法利用倾诉等方法将自己的负面情绪发泄出来。对正常人来说，负面情绪是可以传达到大脑皮层，并通过语言符号表达出来的；焦虑症患者无法进行这样的发泄过程，自律神经系统就会将负面情绪转换为身体症状释放出来，颈部疼痛就是由此引起的。

值得注意的是，焦虑症患者虽然会出现一些颈椎病的症状，但当焦虑情绪转化为颈椎病的症状时，由于这些症状过于明显，人们在医治时往往将医治重点放在颈椎病的治疗上，反而忽略了影响更为深层的焦虑情绪。因此，当出现颈椎病时，为了判断自己是否患有焦虑症，最好进行一些有关焦虑症的心理测试。如果确认自己的颈椎病是因焦虑引起的，就要把治疗重点放在心理治疗上，可以向专门的心理医生求助，在专业的指导下，从行为认知、人际关系、精神归属等方面进行分析、治疗。

除了专业的精神调节之外，被颈部疾病困扰的患者在生活中要注意对颈部的保护与调节，以下是一些小技巧：

第一，选择合适的枕头。枕头是人睡觉时的必用之物，若是长期使用不适合自己的枕头，会导致颈椎不适，对原有的颈椎病更是雪上加霜。在选择枕头时，最好选择高度比本人拳头高六七厘米的枕头。在材质上，忌讳使用过硬的枕头，要选择有一些弹性或可塑性的，比如说内芯为木棉或谷物皮壳的枕头，这类枕头在人使用时可以形成马鞍形，能够舒缓颈部。

第二，要注意颈部的保暖。有些人讨厌颈部被束缚的感觉，即使在冬天也会露出脖子，但颈部受寒后，肌肉和血管很容易痉挛，使颈部板滞疼痛的程度加重。所以，当温度较低时，最好围条围巾或者穿高领衣服；春秋季节，在睡觉时，不要将颈肩部全露在被子外面，以防受凉。

第三，注意站姿和坐姿。不管是站着还是坐着，把头勾得太低都会引起颈部疲劳，最佳的姿势是保持颈部的正直，微微前倾，不要歪着头、低着头。另外，不要在坐车时睡觉，也不要歪在沙发上看书、看电视，很容易使颈部酸痛，平时也不要快速地扭头、回头。

第四，经常活动颈椎。长时间保持一个姿势，颈部会有些僵硬，当工作一段时间后，最好每隔半小时就活动活动颈椎，做些颈部运动，或者自己按摩颈部。

05

肠胃不适，其实是不良情绪发出的信号

日常生活中，人们可能会有这样的体验：当人的情绪紧张、郁闷、悲观时，就会茶不思、饭不想，常常说成没有胃口；即便是吃了饭，也会感到胃部不适、堵得慌。有时还隐隐作痛，有的人还有头晕失眠等症状。这表明，情绪的变化将直接影响人体各器官功能的变化，而表现最为敏感的就是胃肠。

不良情绪可以通过大脑皮层导致下丘脑功能紊乱。下丘脑是一个与情绪有关的皮层下中枢，可以通过自主神经系统影响胃肠道功能。例如骤然的恐惧、紧张等情绪变化，使交感神经发放的冲动增加，胃幽门括约肌收缩，胃内容物不能排出，刺激消化道反射性地痉挛，再加上内脏血管收缩、供血不足，即可导致腹部胀痛、刺痛、绞痛等。长时间的焦虑紧张可提高副交感神经的兴奋，引起胃肠道蠕动加快、胃液分泌增加，引起肠鸣、腹痛等。

食物在胃内经过机械性和化学性消化，部分蛋白质被分解，大部分食物被调和成食糜，逐次、小量地被通过幽门向十二指肠推进。胃的这一生理功能是通过皮层下中枢和神经体液的调节来完成的。正常情况下，胃能顺利完成上述生理过程。然而，当人长期情绪紧张时，通过皮层下中枢和神经体液调节机制使胃酸分泌增多，胃蛋白酶原水平增高，导致胃的功能紊乱。当人的情绪忧郁时，胃黏膜苍白，分泌减少，胃的蠕动减弱，同样会导致胃的功能紊乱。

短期的不良情绪对人体的损害比较小，但若是长期地陷在负面情绪中，内脏器官的自我修复能力会越来越弱，时间一久，会造成内脏系统的紊乱，甚至是内脏器官发生病变，人的精气神就会大大损耗，呈现出憔悴状态。当内脏无法正常发挥作用时，人的身体素质会被削弱很多，随之而来的就是某些心理障碍的出现，比如焦虑症、抑郁症等心理上的疾病。所以，虽然说不良情绪只是常见的、负面的情绪波动，但这种情绪若是持续得太久，人难免会身心受损，伤及根本。

当身体出现不适、内脏发出抗议时，其实是在发出信号，提醒我们要及时调控自己的情绪。其实，所有的不良情绪都是因心理因素引起的，心胸开阔、心平气和的人就很少有不良情绪。若是自己没有足够的能力去调控情绪，可以通过心理治疗让自己从不良情绪里解脱。

快节奏的现代生活，各样的压力让人无所适从，情绪也很难保持稳定，但学会调控情绪是一本万利的事情，可以让我们拥有健康的身心。因此，我们要认识到调控情绪的重要性，通过各种途径去掌握调控的方法，让自己的内脏不再"受伤"。

小心腰椎不堪重负

有专家提出，在现代社会，患有腰椎疾病的人大大增加，其中很多是写字楼里的上班族。按理说，他们的工作并不需要耗费很多体力，比起体力劳动者来说，是比较轻松的，那么到底是什么导致了上班族腰椎病的出现。答案是心理上的重重压力。辩证来说，就是腰椎疾病的出现，有的是因为生理问题，有的是因为心理问题，或者两者相结合；而在心理压力过大的情况下，就算生理上没有进行负重劳动，人也会直接出现腰椎疾病的症状。这可以被形容为重压之下，人的腰椎不堪重负。

上班族在工作时，一般都是伏案工作，腰椎要么一直在挺直着，要么一直在弯曲着，等工作告一段落时，上班族才会调整自己的姿势，这样难免会造成腰椎的损耗。更有甚者，工作较为繁忙时，人的大脑高速运转，顾不上调整身体姿势，等好不容易忙完了，想要伸个懒腰，却发现腰椎僵硬得不行，酸痛难忍。这些就是因姿势不对而引起的腰椎问题，只要多加注意，在工作时多活动腰椎，就可以有效避免腰椎问题的出现。

在更多情况下，腰椎问题的出现，是因为心理压力过重。当有一大堆工作要完成时，人们焦头烂额、烦躁不安，往往选择长期伏案工作甚至是挑灯夜战，心中的焦躁通过神经中枢传达给身体，肌肉也会进入紧张状态，长期工作又会损耗腰椎，就会出现腰椎肌肉发酸、骨头僵硬的问题。除此之外，其他的负面情绪也会对腰椎进行压迫，比如说一个人恐惧、害怕时，就会佝偻着腰，使腰椎弯曲；一个人虚张声势、强作镇定时，会把腰板挺得格外的直，腰椎就处于紧张状态，等等。而在心理学的表述上，腰椎问题的出现，就是在声明人的心理压力过大，腰椎承受不了。

面对腰椎"不堪重负"的问题，有两个较好的解决方法：一是使自己的心理变强大，提高自己的负重能力；二是发泄出心里的压力，减轻自己的负担。前者有些困难，需要人进行不断地学习，开阔自己的心胸，提升心理抗压能力，负面情绪就不会影响到腰椎。后者比较容易实施，一旦察觉自己压力过大，就去做一些减压的事情，比如说唱歌、散步等，做自己喜欢的事，给心情放个假，心里轻松了，腰椎也就不会再被压力压迫。

生活里的压力不可避免，工作的艰辛、交际的困难……这需要我们锻

炼出强大的内心，掌握有效的减压方法。只有调节好自己的心态，用积极
向上的心态去面对各种各样的压力，腰椎才不会不堪重负，生活才能平稳
前进。

情绪好转，肌肤才会生机勃发

我们可能都会有这样的感受，在心情抑郁的时候，你的皮肤好像也暗
淡了许多；当繁重的工作袭来时，口腔里可能会出现很多水泡；紧急情况
来临时，甚至会突然发作荨麻疹。皮肤绝不是你肌肉骨骼的"简单包装"，
而是身体、心理的"显示器"。

若是一个人脸色蜡黄，黑白眼球的界限不清晰，唇色也比较深，此人
给人的第一印象就是看起来无精打采，缺乏生机和活力，没有精气神。那
么，就算他面部皮肤没有什么别的问题，比如说痘痘、细纹，也可以判定
他的身体出了问题，正处于亚健康状态。导致肤色蜡黄的原因较为复杂，
这类人可能经历过一系列负面事件，低沉、抑郁、恐慌等消极情绪在他们
心里发酵，使他们在一段时间内处于郁郁寡欢、心事重重的状态。心理缺
乏活力，人就会不想运动、食欲降低、睡眠质量变差，身体新陈代谢的速
度就会变慢，肌肤就无法及时补充养分、排出毒素，脸色慢慢就变黄了。

如今，很多人都关注护肤问题，大都希望自己拥有白皙的肤色，脸色
蜡黄的问题自然是他们的"头号公敌"，有些人求助于各种护肤品、化妆品，
然而，当心理出现问题时，外力对此无能为力。只有保持积极心态，拥有

乐观情绪，心结消失了，情绪好转了，肌肤才会生机勃发。

俗语说"一白遮三丑"，但这并不意味着肤色越白越好。比如说，有些女孩子为了瘦身，只进食很少的食物，坚持几天脸色就变得惨白，唇色也黯淡下去，这种白就是病态了。有种描述是"某某吓得脸都白了"，这就是因有恐惧情绪导致的脸颊失去血色，从而变白。另外，用心太过、过度操劳的人，脸色是没有光彩的白色，表明透支了精力。健康的白的肤色，应该是肌肤呈现出白里透红的样子，看着就鲜亮动人，精力充沛。

有时候，人们明明没有进食较辣的食物，脸上、后背上却长出了痘痘，这表明情绪"上火"了。当人处于焦虑状态，心烦意乱，被一堆问题搞得焦头烂额，脾气就会变得火爆，无名之火一烧三丈高，内分泌就会悄悄发生变化，体内毒素变多，皮肤就长出痘痘来排毒了。

人们对"熊猫眼"避之不及，因为黑眼圈会让人的外貌大打折扣。但怕什么就来什么，有些人说我没有熬夜为什么有黑眼圈，那很可能是你的情绪在作怪。当人处于消极情绪之中，睡眠质量会直线下降，眼周肌肤得不到充足的休息，色素在此沉积，就形成了黑眼圈。另外，雀斑和黑眼圈总是一起出现的。

神经性皮炎最令人烦恼，这也与人的情绪问题有着莫大关联。有时候，人面临较大的心理问题，情绪波动比较大，就会出现头皮瘙痒、洗头后还是痒的状况，或者是皮肤长出一片呈三角形或多角形的平顶丘疹。这是因为人的精神压力较大时，分泌的汗液会增多，皮屑也会脱落，让人感觉瘙痒难耐。这时候，应该及时为自己减压，要有规律地生活，平复自己的情绪，神经性皮炎就会慢慢好转。

皮肤是人体的情绪地图，当皮肤状态不好时，不妨反思一下自己的情绪波动，慢慢调整过来，皮肤问题就会得到改善。

08

无名之火，最是伤肝

随着生活压力的增大，肝脏疾病也成了危害人类健康的一大杀手，让人不容忽视。常见的肝脏疾病的种类有很多，比如因饮酒过度而引发的酒精肝，因摄入太多脂肪导致的脂肪肝、肝炎、肝硬化等。肝脏疾病的出现，固然与人的不良生活习惯有关，却也和人的情绪有着密切关联。

据《黄帝内经》记载："怒伤肝、喜伤心、忧伤肺、思伤脾、恐伤肾。"这也就是所谓的"内伤七情"。七情包括喜、怒、忧、思、悲、恐、惊七种情绪，当人的情绪稳定时，肝脏就会正常工作；当人偶尔发生波动不大的情绪变化时，也不会对身体造成不良影响；但当人突然受到刺激、情绪猛烈变化时，或者长期处于负面情绪的影响中时，强烈的持久的情绪刺激，大大超出了人体本身的正常生理活动范围，身体无法进行自我调节与修复，就会使人体生理机制失衡、内分泌紊乱、脏腑阴阳气血失调，从而直接导致肝脏疾病的发生。

通常情况下，现代人精神压力大，工作繁重，如果不能有效地进行自我调节，就很容易被烦躁、悲观、抑郁和愤怒等不良情绪困扰，使人心生无名之火，或者处于悲观状态中，这会伤害肝脏，导致肝功能紊乱。医学研究发现，情绪对肝脏的影响是极大的，想要保持肝脏健康，我们一定要保持平和、稳定的情绪。

类似于烦躁易怒、心怀愤怒的情绪变化，是最伤肝脏的不良行为。人在发火时，仿佛就是情绪猛然爆发，抑制不住自己的火气，不管是大声吼叫，还是乱扔东西，甚至于动手打人，都会刺激机体发生应激反应，改变人体内分泌系统的正常分泌。当人发怒时，往往呼吸急促、心跳加快，血液循环加速，血压就会飙升，头脑也会发胀，此时人体内的肾上腺素的分泌量加大，血清素与它的比例就失去了平衡，严重危害肝脏。高血压患者最忌动怒，也是出于稳定血压、保护肝脏的意思。

类似于忧郁、思虑、悲伤等负面情绪是危害肝脏的第二个因素，这些不良情绪不会猛然改变内分泌，却是在长期过程中，逐渐弱化肝脏功能，导致肝气郁结。而肝气郁结后，肝脏疾病就会大大加重，导致一系列严重的后果。早知道，气滞则血瘀，生出肿块；气滞则肠道不利，津液不布，使小腹鼓胀，这些都会削弱人体的生机。另一方面，忧思过度的人容易失眠，而夜晚是肝脏排毒的最佳时期，长期失眠则会令肝脏功能紊乱。爱护肝脏，就应该尽力做到按时休息，保证充分的睡眠，让肝脏细胞在睡眠期间进行自我修复，同时使肝脏得到更多的血液、氧气及营养的供给，从而逐步恢复肝脏的机能。

对于患有肝脏疾病的人来说，不仅要采用药物治疗，更重要的是要保持良好的情绪，情绪平和则肝气顺畅，有利于肝脏逐步恢复健康。

09

稳定的情绪，比化妆品更能防止衰老

古语有云："忧则伤身，乐则长寿。"人的精神状态如何，对人体健康和衰老速度有着很大的影响。举例来说，有些人很注意养生保健，在护肤、塑身方面投入了很多精力，就是为了维持自己的容颜和身材不老，但并不是所有人都如愿以偿了：有的人成功了，四十多岁仍如少女容颜，脸上皮肤紧致无比，连最容易出现的颈纹都没有，身材更是保持得很好；而有的人就失败了，婚姻生活不顺利，事业上又不顺心，自然是心力交瘁，情绪欠佳，呈现出衰老状态。使用众多手段养生的人，一旦长期处于负面情绪中，尚且难保容颜不老，我们更应该以此为鉴，谨防情绪波动使我们衰老。

经常微笑的人，会有很高的亲和力，看着也显年轻；而总是愁眉苦脸的人，脸部的肌肉走向都是向下的，额头容易长出皱纹，看起来生生老了好几岁。这就是心态对人的气质的影响。当心态不能保持平衡时，情绪容易发生大的波动，脸部是情绪的显示器，任何情绪变化都会引发脸部肌肉有所动作，脸部运动的次数多了，皮肤就会渐渐松弛，肌肉下垂，呈现衰老状态。

情绪波动还可使人身体内部发生诸多变化：过度悲伤的人食欲下降，胃部受到损害；勃然大怒的人血压升高，危害肝脏……情绪的波动总是牵一发而动全身，由心理问题引发生理问题，使人免疫功能下降，内分泌失调，内脏机能被削弱；血液循环速度也会发生变化，身体毒素无法排出，累积在人体内部，慢慢诱发疾病的产生。

每个成年人体内大约有 60 兆个细胞，其中每天有二十多个细胞发生突变，为重大疾病的产生埋下祸根。身体免疫力强的人，能够通过自我调节，让良性细胞吞噬掉异常分裂的细胞，保持人体健康。但当人情绪波动剧烈时，身体产生的毒素会壮大病变细胞的实力，削弱人体免疫力，突变的细胞就有可能生存下来，久而久之，类似于肿瘤的疾病就产生了，让某一部分肝脏彻底病变，无法发挥作用，人的五脏六腑功能不健全，衰老的速度自然就变快了。

心理健康的重要标志就是情绪稳定，情绪稳定的人更容易经受住岁月的考验，用自信、乐观的心态打败时间。情绪波动，这项在早前容易被忽略的人类衰老的重要指标，如今正受到越来越多的人的关注。多花一点时间在调节心情上，远比用各种化妆品保养肌肤来得靠谱，心情美丽，肌肤自然润泽，身体也会生机勃勃。

10

春季要注重预防"情绪上火"

春季是万物复苏的季节，猛然的环境变化和逐渐变长的白日，让人不太适应，而春季气温回升，渐渐燥热起来，人的情绪问题也就出现了。据调查显示，每年的 3 月至 5 月是心理疾病的高发季节，患病人数约占全年的一半。具体来说，春天气压较低，空气干燥，人体内部内分泌易失调，各项激素的分泌状况易发生紊乱，这都是多种重型精神病的诱因；而在某些地区，春雨绵绵，淅淅沥沥，或者是春花绽放又凋零，这些残花冷雨，也使某些感性的人开始悲春伤秋，若是再因此联想到自己的困苦状况或悲惨经历，就很容易出现抑郁症；春天的气候也总是多变，想要放风筝却下雨了，穿着薄衣服却遭遇倒春寒了，类似于这样的气候原因，也会让人心生埋怨，引发人的情绪波动，心理疾病的发病率也就加大了。

春季还是各类传染性病毒的复苏季节，稍不注意，就会被传染；或者是昼夜温差大，天气冷暖不定，人没有及时增减衣服，也会得上换季流行性感冒，身体不舒服，让情绪变得更加糟糕。

春季心理疾病发作的前兆有很多，比如出现睡眠障碍，总是犯春困、晚上失眠，或者出现情绪障碍，情绪稳定不下来，容易疲劳、情绪暴躁等。前兆的症状比较不明显，很多人就不会加以注意，任其发展，最终导致慢性疲劳综合症、抑郁症、精神分裂症和焦虑症等"心病"的出现。这时，人们会觉得自己总是白天困乏、夜晚失眠多梦，食欲也会下降，感觉生活乏味，总是情绪低落、烦躁不安，这都会严重影响到人们的正常生活。

在春季，预防"情绪上火"很重要，可以将诸多心理疾病扼杀在萌芽状态，下面是一些参考意见。

首先，在春季尤其要注意日常保健，避免生病。如果所在城市经常春雨绵绵，出门不妨带上雨伞。每天晚上看看天气预报，根据温度变化，及时增添衣服，使身体觉得舒适轻松，心情也就畅快许多。

其次，要有规律地生活，避免熬夜，充分休息。当人睡眠不够或是睡眠质量不好时，就会造成肝火上升，加重身体的负担。所以，人们应注意劳逸结合，尽量不要熬夜，保证充足的睡眠。

最后，要适量运动，恢复身体生机。在出太阳的春天，可以脱下外套，运动一番，发泄身体的精力，排出体内的寒气，使人能更好地适应身体的变化。但运动之后，还要注意不要着凉。

11

夏季高温，小心提防"情绪病"

夏季总是持续高温，室内凉爽舒适，室外热气逼人，空调吹多了又会头昏脑涨。在这严酷的环境条件下，人稍微运动就会出一身汗，情绪也极其容易变得烦躁。有研究证明，人的情绪与外界环境有着密切的联系，当外界温度较高时，整个大环境不利于人类活动，人体内部环境就会受到影响，从而发生情绪波动。夏季的高温，一方面给人带来身体上的不适应，另一方面还会对人的心理和情绪产生负面影响，以致出现情绪烦躁、爱发脾气、忍耐力下降等不良状况。

我国很多地区夏季的温度多在 35 摄氏度以上，人的情绪最易失控。所以需要及时进行调整，学会给情绪"降降火"，提防夏季"情绪病"。要注意自我调节，比如调整起居时间，及时补充水分和维生素，多吃开胃食品，避免吃过凉的食物等。另外，在心理调护方面，也要注意下面几点：

第一，保持内心的宁静。俗话说："心静自然凉。"当一个人整天叫着"我好热、我好热"时，哪怕气温不高，身体也会觉得很热。当我们觉得闷热时，可以想象大雪纷飞的冬季，白雪皑皑的冰原，心里的温度降下来了，热浪也就失去了威力；也可以听听舒缓的轻音乐，或是静心打坐，进入放空状态，让内心宁静下来。

第二，对人、对事多一些耐心。夏季的酷暑让每个人都苦不堪言，别人难免会有情绪不佳的时候，当我们和别人接触时，要多一些耐心，心平气和地交流。当处理一些麻烦事时，也不要因高温变得烦躁，耐心处理，事情总会解决的。

第三，调节生活节奏。夏季昼长夜短，中午最热，晚上比较凉爽。我们可以在中午的时候进行休息，避开高温；将较为重要的事放到晚上处理，但也不要太晚，要保证充足的睡眠。

第四，饮食要清淡，多食用去火食物。夏季气候炎热，人的消化功能也会减弱，此时进食大鱼大肉、辛辣食物，很容易上火，可以多吃果蔬、稀饭，合理安排膳食，绿豆汤和苦瓜都是解暑"圣品"。

第五，肯定夏天的优点。在夏天，女性可以穿美丽的裙子，男性也穿着较少，很是便利。在酷暑去游泳，更是不可多得的清凉体验。夏日水果较多，还可以吃各种冰淇淋、凉菜。高温很烦人，但夏天的优点也有很多，用其优点来劝慰自己，人的情绪也可得到调整，缓解气候给人带来的不适，安全度过酷暑盛夏。

12

不良情绪诱使哮喘病反复

你可能有过这样的体验：因为受委屈而心酸不已，悲伤地开始哭，偏偏还不想放声大哭，于是就压抑着自己小声抽泣，抽泣的时间长了，就觉得嗓子堵得难受，鼻子也酸了，呼吸开始不顺畅，出现恶心的感觉。因情绪不佳而哭泣，进而引发哮喘的例子已屡屡出现，经现代医学研究证明，不良情绪可诱发或加重哮喘，哮喘患者在焦虑、困扰或愤怒时，病情会反复发作，带来生命危险。

包括焦虑、抑郁和愤怒在内的不良情绪出现时，人体会释放组织胺及其他慢性过敏性反应物质，使迷走神经兴奋度大大提高，交感神经的反应性大幅度降低，而这些会直接导致支气管哮喘的发作。接下来，支气管哮喘的发作会让人感觉难受、呼吸困难，使人无法正常工作和生活；生活的不便利，又会造成紧张、抑郁、悲观、沮丧等不良情绪；这些不良情绪，反过来又会刺激、加剧哮喘发作。如果一直恶性循环着，哮喘经久不愈，人的情绪也一直低落，身心健康就受会到严重威胁。

为了避免出现哮喘的状况，我们尤其对哮喘患者要多注意自己的心理调节，避免产生焦虑、郁闷的情绪，保持内心的宁静，遇事不慌不乱，保持镇定。一直保持良好的情绪状态，哮喘的复发和恶化都是可以防止的。下列方法可以改善自己的不良情绪。

第一，给自己积极的心理暗示。心态的力量是无穷的，心态积极，就会有正面行为；心态消极，做起事来也是无精打采。遇到问题时，不要抱怨，告诉自己："这个很好解决，你一定能做好！"心里不高兴时，暗示自己："微笑的人最有魅力，笑一笑，心情好。"……积极的心理暗示可以调整自己的心境和情绪。

第二，多做自己喜欢的事。情绪濒临爆发边缘时，深呼吸几次，把心理温度降下来，而后迅速转移注意力，去做自己喜欢的事，很容易开心起来。在彻底冷静后，再回头思考自己生气的原因，处理未解决的问题，往往能够顺利解决。

第三，改变生活环境。不管身在何处，房子是不是自己的，生活总是自己的。在同样的环境生活太久，会出现审美疲劳，可以多改造、装饰一下，用明亮的光线、柔和的色彩将屋子装扮漂亮，人的心情会舒畅很多。

第四，采用合理途径将情绪宣泄出来。不管是运动，还是旅游，都是调整机体平衡的方法之一。哮喘病患者不宜多哭，就要用其他方法发泄情绪。只有把情绪释放出来，才能得到心理上的平衡。

应激事件，高血压的重要诱因

患有高血压的人日渐增多，全世界有七分之一的人都饱受高血压的困扰，很多国家都开始关注高血压的预防与治疗，发现包括社会冲突、工作问题等在内的应激事件，都是使人类患上高血压的重要诱因。

应激指的是，在重大压力下，人的精神处于高度紧张状态。据报道，有 75% 的高血压患者发病的原因都与应激事件有关。愤怒、敌意、抑郁、焦虑等都属于负面情绪，而负面情绪正是一个很大的心理应激源。也就是说，当我们遇到应激事件后，所产生的负面情绪，会引发原发性高血压。

在高血压的发生、发展中，应激主要通过神经——内分泌系统起作用。心理应激会使大脑皮层下的神经系统功能紊乱，还会加强交感神经的兴奋性，并且打破交感神经和副交感神经之间的平衡，而交感神经的活动越剧烈，就越容易引发原发性高血压。

高血压患者所体验到的心理应激状况，以及他们产生的心理应激反应，不只是受应激刺激的性质和强度的影响，还更多地受他们对所受刺激的认知评价和应对方式的影响。这也进一步说明，人的情绪与高血压密切相关。比如说，面对失恋这样的应激源，有人会认为"我真是太糟糕了！没有人会真正爱上我"，他的应激反应就会很强烈，情绪忧郁，行为退缩，还可能伴随免疫功能减退等生理反应；而如果另一个人认为"不是我不够好，而是我们不合适"，他的应激反应就会比较小，情绪波动不大，也就避免了高血压的出现。

研究表明，在面对像失恋这样表面看来消极、被动的应激源时，个体如果能采用积极的认知评价，就可调控自己的情绪，就能降低心血管系统的反应水平，减弱应激反应。

此外，在人们面对令人痛苦的应激刺激时，采用分散注意的策略，也有助于减轻应激反应。那么，当我们在面对高温、噪音、寒冷、疼痛等应激刺激时，如果能主动运用分散注意的策略，将有助于我们尽量减少这些消极刺激造成的应激反应，从而减少这些消极刺激对身体的危害，有效预防高血压。

14

敌视情绪会给心脏带来重荷

美国科学家曾设计了一个测量表来评估人的敌意等级，测量表里包括"人们是否常常让你失望？""你是否觉得不相信任何人才会更有安全感？"等问题，实验者回答的"是"越多，证明这个人对外界的敌意越大。而后，研究者对怀有敌视情绪的人进行各项生理测量，发现他们中的相当一部分人患有冠心病，或有患冠心病的倾向。由此得出结论，敌视情绪会导致冠心病的发病。不难看出，与情绪平和的人相比，"敌视情绪"会给心脏带来重荷。

高敌意的人有很高的交感神经—肾上腺髓质轴和下丘脑—垂体—肾上腺皮质轴的反应性，而且反应持续时间较久，恢复期较长。已有的研究表明，心血管系统的高反应性和弱恢复性，与冠心病等心血管系统疾病的发生有非常密切的关系。因为应激导致外周血管收缩，心率加快，更多的血液涌向收缩的血管，这一过程会使冠状动脉发生劳损和硬化，同时应激导致的血压波动会对冠状动脉内皮组织产生不利影响，导致硬化斑块的形成，而心血管系统的高反应性则加剧了这种损害。此外，交感神经的激活导致脂肪分解，血脂升高，也是引起动脉硬化的一个重要原因。因此，对于高敌意的人来说，也许就是因为其心血管和神经内分泌的高反应性和弱恢复性，从而大大增加了患冠心病等心血管系统疾病的易感性。

充满敌意的人遇事容易发怒。有实验证实，高敌意的人在遇到应激事件时确实有更强烈的消极情绪反应。但是他们越愤怒，他们心血管系统的反应性就越大，心血管系统和神经内分泌的活动恢复就越慢。这一切无疑都加重了心脏的负荷。

因为敌意会损害健康，所以心理学家不断尝试通过心理行为的方法对敌意进行干预。例如，请有敌意的人进行放松训练，矫正有敌意的人语速快、说话声音响等习惯，使其通过应激接种训练学会控制愤怒。

心理学家提出，有敌意的人进行愤怒控制可以尝试以下办法：

第一，为不被激怒做好准备。你可以想：这可能是艰难的处境，但是我知道如何处理，我可以制订一个计划控制它，这样做很容易。我要记住，不要被这些问题触怒，没有争论的必要，我知道怎样做才是最好的。

第二，与发怒对抗。你可以这样告诉自己：只要我保持冷静，我就能控制这一处境。我不需要证明我自己，发怒并没有用，想一想我必须做什么。我应该去寻找积极的一面，不要急于得出结论。

第三，放松下来。放松，使自己平静下来，做一次深呼吸。你告诉自己：

问题的解决需要时间，我不需要生气，我应该建设性地处理问题。

既然敌视情绪有害健康，那么为了减轻心脏的负荷，保持我们的健康，就让我们尽量对人少一分猜疑，多一分信任，少一分怨恨，多一分宽容，少一分憎恶，多一分友爱吧！

强烈焦虑，真的可以"一夜白头"

历史记载上有很多"一夜白头"的例子，比如说伍子胥为了想办法过昭关，一夜就急白了头发。这种事例在现代也屡有发生，巨大的心理压力使一个人在短时间内变得头发全白。更让人惊讶的是，儿童在遭受打击时，也会一夜白发。有研究指出，"一夜白头"属于精神紧张性的白发病。也就是说，由于极度焦虑、发愁、担忧等负面情绪的存在，身体会出现一系列急剧变化，使内分泌系统紊乱，身体新陈代谢的速度失衡，最终在短则一夜长则几周的时间里，人的头发色素全部脱失，就成了满头白发。

据研究证明，导致"一夜白头"最重要的原因，就是人长期处于强烈的焦虑情绪状态中。英国著名政治家卢伯克曾说过：我们常常听人说，人们因工作过度而垮下来，但是实际上十有八九是因为饱受担忧或焦虑的折磨。的确，如果不能控制自己的焦虑情绪，我们的生活就会增添很多痛苦。

当我们处于焦虑中的时候，我们很少能够静下心来做事情，工作效率大大降低，繁忙的工作又使我们更加焦虑。焦虑情绪得不到缓解和放松，使我们担忧自己的未来，便耗尽全力去弥补工作，这些因素都会导致脑部供血不足，供应毛发营养的血管就会挛缩，因为内分泌失调，头发根部的毛乳头细胞也不能正常制造黑色素，我们的头发就因此而变白了。

要想远离焦虑情绪，避免"一夜白头"的情况，可以从以下几点做起：

第一，及时完成工作，不拖延任务。当大量工作积累在一起时，人都会产生焦虑感，害怕因完成不了任务而受罚。所以，不要拖延，当天的工作尽量当天完成，生活上的事情也是这样，一天的事情都做完了，睡觉时就格外有成就感，可以安心地睡个好觉。

第二，制定生活目标，多做计划。当人有前进的目标时，工作就格外投入，而不是陷入不必要的焦虑中。可以制订日计划、周计划、月计划，按计划做事，不会有慌乱感。

第三，保持平常心，净化心灵。当人心中杂念太多，处心积虑地想要得到什么，内心会躁动不已，变得焦虑。不如保持平常心，从容面对生活，看淡得失成败，净化心中的毒草，用平常心打败焦虑。

16

有些糖尿病是被"气"出来的

近些年来，患糖尿病的人的数量逐渐增多，而患上糖尿病后就会让人有诸多顾忌，很多食物都不能吃，有些运动也要远离，让人很是烦恼。所以，如何预防糖尿病这个问题，受到了越来越多的关注。研究者在此过程中，有了一个有趣的发现：有些糖尿病是被"气"出来的，表明不良情绪和心理因素是糖尿病的致病原因之一。

通常情况下，体内胰岛素的分泌量不足，是糖尿病的发病原理。而影响胰岛素分泌的因素，除了有关激素的分泌状况和血糖的高低，就是植物神经的功能了。情绪有所波动，比如说人受到惊吓时、突然难过时，植物神经的功能就会受到影响，一方面会使交感神经兴奋起来，另一方面会增加肾上腺素的分泌量，两者都会抑制胰岛素的正常分泌，导致糖尿病的产生。

此外，如果人在一段较长的时间内，一直受到负面情绪的不良影响，胰岛 β 细胞就会出现功能障碍的情况，从而进一步抑制胰岛素的分泌，最终形成糖尿病。

值得注意的是，不良情绪对任何人都会有负面影响，但因不良情绪引发的胰岛素分泌较少，主要作用于中老年人，该年龄段的人内分泌功能本来就在减退，胰岛 β 细胞数量逐渐减少，功能下降，身体防御、调节能力都比较差。不过，中老年人不必因此过度恐慌，因为不是偶尔一次的不良情绪就会导致糖尿病，只要不是经常生气、难过、愤怒，长期处于不良情绪中，诱发糖尿病的可能性就很小。

不良情绪对健康有巨大危害，要想远离糖尿病，就要从控制不良情绪开始，改善自己的心态。下面是一些值得借鉴的意见：

第一，保持乐观的心态，可以预防糖尿病。如果我们本身不产生不良情绪，就等于从源头掐断了糖尿病的形成与生长。西方有句谚语：同是一件事，想开了就是天堂，想不开就是地狱。豁达地面对一切，用乐观的态度看待问题，就不会有太多烦恼和不满，情绪便不会肆意泛滥，也就不会产生不良情绪。

第二，情绪积极起来，就能控制血糖。对于糖尿病患者来说，最烦恼的莫过于控制血糖，情绪波动幅度大一些，膳食稍微不合理，血糖就噌噌地往上升。处理糖尿病的有效方法就是承认它的存在，敢于正面面对。在此基础上，才能使自己的情绪变得积极，心态平和下来后，就能够积极地调整自己的生活方式和心理状态。

第三，保证充足的睡眠，但切忌贪睡。长时间睡眠不足，会使人体新陈代谢速度变慢，内分泌紊乱，使患上糖尿病的概率升高。而在熬夜之后睡一个上午也是不可取的，这会引起血糖波动，引发血糖紊乱。最好是保持规律的作息，早睡早起。

经期怒气，对身体危害多多

月经是正常的生理现象，表明女性身体健康，但有很多女性都对月经有不同程度的讨厌，因为来月经时自己的情绪就会变得敏感，出现腰酸、小腹痛、易疲倦等现象，身体不舒服，再受到外界一些刺激，瞬间就会燃起怒火，不发不快。对此，女性应全面认识月经背后的含义，这是身体的一个排毒过程，也代表自己体内激素分泌正常，拥有孕育能力。尤其要注意的是，在经期生气有诸多危害，最好控制住自己的怒火别让怒气来添乱。

女性在经期发怒，对自己的身体危害多多。

第一，伤脑。女人在气愤的时候，就像没有了理智一样，此时大脑思维会跳脱，不再进行常规活动，女人一气之下，很容易做出鲁莽的行为，事件的反常性又会刺激大脑中枢，造成恶劣影响，导致气血翻涌，甚至有可能诱发脑溢血。

第二，伤皮肤。月经期间的皮肤比较敏感，此时经常生气的话，会出现黑眼圈，眼皮也会肿起来，脸上皱纹也会增多，脸色会变得憔悴，还可能长出色斑。

第三，伤乳房。饱满的乳房是女性的特征之一，它的存在让女性的曲线美更加突出，但中医有种理论："乳癖，多因情志内伤，肝郁痰凝，痰瘀互结乳房所致。"用现代医学解释，就是不能动不动就生气，尤其是经期生气更容易使有毒物质在胸部积累，有可能引发各种乳房疾病。

第四，伤内脏。人生气时，容易食欲降低，不思茶饭，会伤胃，使肠胃消化功能紊乱；容易呼吸不畅，或呼吸急促，会伤肺，造成气喘咳嗽等病症；容易肝火上升，会伤肝，使肝部疼痛；容易肾气失调，会伤肾，导致闭尿、尿失禁。

第五，伤子宫。在盛怒之下，会出现闭经、月经不调的情况，子宫脱落的内膜就无法排出。

经期女性更容易生气，这是由身体激素的分泌导致的，自己无法控制。但经期发怒，有百害而无一利，应尽力避免。对于女性而言，经期要多注意保养，以免让坏情绪进一步恶化，以下是一些建议：

保持乐观的心态。经期女性的情绪较为敏感，很容易心酸落泪，但这是不理智的，正因为经期的负面情绪会被放大数倍，这个时候，要努力保持乐观心态，尽量克制自己，不要动怒。

保证充足的睡眠。睡眠可以使肝得到滋养，而女性向来都是"以血为本，以肝为先天"。睡眠不足，很容易使皮肤变得粗糙、长痘、长斑，这就是广大女性所不愿看到的了。

多吃含铁的食物。因为经血中含有大量铁元素，经期女性的身体就会缺铁。可以多吃肝、乌骨鸡等含铁量高又滋补的食物，不宜吃生冷、酸辣等刺激性食物。

避免运动，不要太劳累。经期运动量大的话，会直接导致小腹疼痛、盆骨酸疼，还会影响身体新陈代谢的速度。

18

神经性皮炎，情绪波动的风向标

神经性皮炎是常见的一种皮肤病，症状比较明显，患者会觉得皮肤瘙痒，长出扁平丘疹状的小疙瘩，如果禁不住痒去抓挠了，就会有苔藓形状的皮屑出现。导致神经性皮炎出现的原因，一方面是外因，沾染上某些化学物质、被昆虫叮咬、被阳光照射等，就会刺激皮肤，生出疙瘩；另一方面是内因，就是说个人的神经精神因素会诱发神经性皮炎。因此，神经性皮炎，可以被当作情绪波动的风向标。

神经性皮炎与个人情绪有关。当人陷入焦虑状态、难过、思虑过多时，就很容易引发皮炎。当人因为烦躁而失眠、因劳累而疲倦时，也会长出小疙瘩。总之，人的大幅度的情绪波动，都可能引起内分泌失调，使中枢神经系统功能紊乱，导致自主神经功能障碍，从而引发神经性皮炎。

下面一些小方法可轻松缓解神经性皮炎：

第一，避开刺激性食物，饮食要清淡。像海鲜这类寒性食物和羊肉这类容易使人上火的食物，神经性皮炎患者最好不要吃。浓茶、咖啡、酒类等刺激性饮料，也要避开。可以多吃蔬菜和水果，但要避开容易让人过敏的水果。

第二，养成有规律的生活习惯。神经性皮炎患者的内分泌大都不正常，培养良好的生活规律，能够有效改善睡眠不足、便秘、消化不良等问题。

第三，穿棉质内衣，不使用护肤品、化妆品。皮炎患者皮肤比较敏感，不宜穿不透气的衣裤，最好穿棉质内衣裤。温度高的时候，尽量避免外出，以免汗液污染皮肤。在有皮炎的肌肤上，禁止使用添加了各种化学物质的护肤品、化妆品，以免二次伤害，遵医嘱使用医生开的药物即可。

第四，保持良好的卫生习惯。有的时候，皮炎快好了，但因为患者不太注意卫生，就会再次被感染，使病情雪上加霜。所以，要注意搞好个人卫生，断绝皮肤再次被感染的可能性。

第五，避免抓挠，不刺激皮肤。人的指甲里藏有大量细菌，在瘙痒时进行抓挠，细菌会进入伤口。同时，皮炎痊愈得比较缓慢，一抓，伤口愈合的速度就更慢了。如果实在忍受不了瘙痒感，可以冲冷水浴，或者用干净的毛巾吸满冷水覆盖瘙痒处。

19

神经衰弱，困扰白领的常见病

在这个快节奏的社会，科技的发展迅速向前，各类变化层出不穷，体力劳动者的价值逐渐变小，脑力劳动者逐渐成为主流，一个人脑袋里的智慧，才是招聘者所看重的要素。通常情况下，白领们从事的都是脑力工作，不必消耗太多体力，工作也没那么劳累，患上疾病的情况就比较少。但近些年来，神经衰弱成了白领们的常见病，由此引发的一系列状况，大大降低了他们的工作效率，甚至无法正常工作。因此，对于白领来说，神经衰弱是个亟待解决的问题。

不同于体力劳动者一成不变的工作方式和状态，剧烈的竞争、频繁的变化、烦琐的要求等，对白领们来说都是一项项挑战。白领不知道自己修改了多次的设计方案，是否会通过审核；不知道客户会不会心血来潮，再次提出新的服务要求；不知道谈了很久的合作，最后会不会成功……任务一出现，就要快点完成，问题一出现，就要马上修改，在这种高强度的脑力劳动下，白领们上班时精神状态紧张、脑子高速运转，下班时也无法好好放松，心里还提着一根弦，日久天长，就会造成神经衰弱。神经衰弱之后，患者会经常觉得精力不足、萎靡不振，注意力也无法集中，记忆力还会减退，工作起来也很是迟钝。更糟糕的是，神经衰弱还会对患者的身心造成负面影响，使他们冲动易怒、烦躁不安，经常头昏脑涨、失眠多梦。

为了让自己的生活步入正轨，让自己恢复以往的健康，患有神经衰弱的白领们除了及时就医外，在日常生活中也要注意保养自己，下面是一些小窍门。

第一，注意锻炼，适量运动。运动有助于缓解神经衰弱。不管是散步、慢跑，还是打太极拳、打乒乓球，或者是其他运动方式，都可以增加人的活力，调整大脑皮层的兴奋和抑制过程，让血液循环规律起来。但要避免激烈运动，以防血压升高，或心生浮躁。

第二，换换环境，放慢节奏。神经衰弱者很难应对紧张而繁重的工作，坚持在原有职位上工作只会加重病情，可以换换工作环境，找一份比较清闲的工作，生活节奏就会变缓，有利于恢复健康。

第三，热水泡脚，自我按摩。有些神经衰弱患者会出现失眠症状，可以多用热水泡泡脚，促进血液循环，之后要按摩脚底各大穴位。如果有头痛、头晕状况，可以多按摩太阳、风池等穴位，也可以按摩头皮和颈部。

第四，保持乐观向上的心态，积极配合治疗。神经衰弱会使人耐性变差，容易悲观消极，只是一定要牢记，只要积极向上，配合医生的治疗，就能重新做回活力无限、聪明健康的自己。绝对不能对自己失去信心，消极治疗。

第二章

／ 情绪会传染，别被他人情绪牵着鼻子走

01

大鱼吃小鱼，生活中的情绪链危害大

"大鱼吃小鱼，小鱼吃虾米，虾米吃浮游生物，浮游生物吃海藻"，这是生态链的体现。与此类比，仔细寻找，不难发现生活中有"情绪链"的存在，比如上司心情不好时，莫名其妙地对下属们发火，导致下属们也没有好心情；或者家长在外面不顺，回家后训斥孩子们，让原本玩得很开心的孩子们吓得不敢乱动，这样的例子太多了。一个人的不满情绪和糟糕的心情，会顺着情绪链传递，从而影响几个人的好心情。

情绪链是一环扣一环的。一位老爷爷在外面下象棋，输了一下午，生气地回到家里，吃饭时没有胃口，就埋怨老伴做的饭难吃。辛苦了一晚上的老奶奶又把怒火转移到儿媳身上，说儿媳下班后没来帮忙，儿媳就怪丈夫换了衣服让她洗，害她没能帮助婆婆做饭。丈夫不甘示弱，表示自己没错，自己在辅导女儿功课。小孙女郁闷又无辜地说："我就是不会做那些题，别的小朋友不也有家长帮忙吗？"大家都不作声了，迅速地吃完了饭，沉默地各忙各的去了。老爷爷想起往常这个时候，一家人都在一起看电视、

聊天，其乐融融，再对比今天的难堪局面，很后悔自己向老伴发火，否则也就不会牵扯到一家人了。这个例子向我们展示了情绪链的存在，以及坏心情的传染力度。

当一个人居于情绪链的高端时，如果他肆意发泄自己的怒气，坏心情就会沿着情绪链依次传递，一直扩散到最末端。这时，居于高端的人是元凶，链条中间的人既是受害者又是帮凶，末端的人是无辜受害者，但整个情绪链上的人的心情都是糟糕的，这无疑是一件有百害而无一利的事。

一个人的坏心情影响了几个人的好心情，是一种"情绪污染"现象。这种现象无论发生在何处，都会对情绪链上的人造成生理上和精神上的危害。一个人的坏心情会改变这个人所处的环境氛围。而据研究证明，压抑、沉闷的环境氛围会造成人的神经系统紊乱，免疫力下降，大大增高患病概率。

医学专家曾经发出"生气等于自杀"的警告，因为情绪失调的人的发病风险是正常人的两倍。如今看来，容易生气的人不仅损害了自己的身体，还危害了别人的健康。因此，要找到合理途径发泄自己的愤怒、恼火等负面情绪，不要轻易向别人传播自己的坏心情，避免情绪链发挥不良作用，影响周围人的好心情。

02

负面情绪比正面情绪更易传染

毋庸置疑，情绪具有感染性，人的情绪会受到周围人的影响。而人们渐渐发现，不同情绪对人的感染力度是不同的：即将结婚的人，眼角眉梢都是幸福，身边的人也为他们高兴；而周围有人在大吵大闹时，自己也感觉心烦气躁，只想让他快点停下来……可见，情绪是可以互相传染的，然而，负面情绪比正面情绪更易感染。

被感染了正面情绪自然是好事，可使人心情愉悦，充满干劲地生活。但一旦被传染了负面情绪，原本的好心情大打折扣不说，做事的效率也会大大降低，颇有点"城门失火殃及池鱼"的意味，因此人人都不希望被传染负面情绪。然而一个无法忽略的事实是，负面情绪具有很强的传染性，就好比是一种"精神传染病"。细究下来，导致负面情绪比正面情绪更易传染的主要原因有以下三个：

第一个原因是生理原因。大量的镜像神经元存在于我们的神经系统中，当周围人流露出生气、愤怒、恐惧等消极情绪时，我们的镜像神经元会被这些负面情绪以极快的速度激活，从而使得我们产生类似的情绪。每个人的身体都有自我保护机制，负面情绪更容易唤醒我们的警觉，所以负面情绪更易传播。

第二个原因是情感原因。我们身处错综复杂的交际网中，需要跟周围的人进行情感交流，以稳定人际关系。所以，当周围人高兴时，我们只需要祝贺、附和就可以，而当亲人、朋友、同事等人的情绪比较消极时，我们会下意识地调整自己的情绪，使自己和对方处在同一个频道，以便开导他们，这个时候情绪更容易受到传染。

第三个原因是自我原因。无论是我们接触的文化还是教育，灌输的都是正能量，整个社会环境有一定的压抑负面情绪的倾向。但是我们的心中都会有一些负面情绪。所以，周围环境中存在的负面情绪，很容易唤起我们类似的情绪，我们也就很容易被传染了。

当自身产生负面情绪时，我们要控制自己的情感流露，可以跟朋友倾诉烦恼，但绝不能喋喋不休，成为负面情绪污染源。当周围人情绪不对时，我们要有技巧地倾听，在自己和他之间挖条护城河，在保护自己的前提下帮助别人。在平时生活中，也要注意多积累正面情绪，适当隔离负面情绪。

为何负罪感久久不能消散

当人做下违反自己良知的事情时，心里会产生负罪感，这个人会在事后回忆、反省自己的行为，对自己进行谴责，同时心里的负罪感愈加浓重，这种负罪感很难随着时间的推移而消散，而是会持续很长一段时间，直到当事人认为自己已经"赎罪"完了，内心才会安宁。具体来说，负罪感是一种混合了负面情绪和错误认识的痛苦感觉。有时候，我们感觉到自己的某种行为是错误的，这已经让我们产生自责的情绪了，再加上我们不能正确地认知自己的错误，过分夸大了错误的力度，负罪感便久久不能消散。

一般来说，产生负罪感的情况有两种：

第一种情况，人已形成固定的是非观，对事物有了一定的判断力。那么，只要在他的认知里，某件事是错误的，而他因为种种原因去做了这件事，他潜意识里就会认为自己背叛了自己。这种情况是对自己的负罪感。

第二种情况，由第一种延展而来的，比如有一些事，是你不想做的，然后你让别人做了，或者是不希望别人加之于你身上的，而你却对别人做这些事了，成了"己所不欲，却施于人"，这时你就会对别人有负罪感。

这两种情况有共同之处，都是违背了自己的是非观念和行为准则，失去了对自己行为的约束，背叛了自己脑海里固有的理念。但谁会喜欢背叛者呢？人人都无法忍受背叛者，还会在心里产生谴责背叛者的想法，而令人讨厌的背叛者如果就是自己的话，人的心里就会一直怀有负罪感。

并且，由于缺乏丰富的阅历和处世经验，或是负罪者一开始就把别人的错误归为自己的责任，或是羞于向别人倾诉自己的心理问题，种种原因使得负罪者根本无法正确认知自己的负罪感从何而来、是否自己真的有罪等一系列问题。负罪者直接让自己走进了自责、愧疚的死胡同，怀着负罪感日复一日地生活着。

精神分析师贝蒂·索萨尔认为：不管因为什么产生的负罪感，隐藏在背后的，都是本人不知道也无法承担的一种欲望。负罪感可以保护当事者，不用冒险实现自己的愿望。而精神分析的主要目的，就是让当事人看清并承担自己的愿望，最终从负罪感中解脱，对自己真正负起责任。如此看来，除非哪一天负罪者自己突然想开，或者是被心理医生、周围的人打开心结，否则负罪感便会久久不能消散。

别被捏造的记忆欺骗

有些人认为，记忆像是一个储存在人脑里的电影库，大脑会准确且完整地记录下发生过的事，形成影像贮存在脑子里。因此，人们都十分信任自己的记忆，认为那些记忆就是自己经历过的事。但记忆真的不会欺骗我们吗？错，记忆是可以被捏造的。

美国著名理论物理学家列纳德·蒙洛迪诺曾著有《潜意识：控制你行

为的秘密》。这本书里有很多趣味十足的心理实验，这些实验向我们证明：有时候，我们深信不疑的记忆并不一定是事实。我们经常把人脑比作电脑，但电脑里的图像、视频等都是固定不变的，永远不会扭曲，而我们的记忆里包含有太多感知类的元素，使得已有的记忆褪色，同时多出一些凭空捏造的记忆。在这些虚假的记忆里，又数不好的记忆占的比例最大。

首先，没人愿意经常回想不好的记忆，这部分记忆也就慢慢模糊了，而我们隐隐约约记得那些不好的往事，当被某些因素触动时，我们就会拼凑出一份完整的记忆，这样这份记忆里就会带有捏造的成分了。为什么不捏造好的记忆呢？因为人有趋利避害的本能，会经常回想那些令人开心的、给人鼓励的往事，这部分记忆就不容易被篡改、捏造。

其次，记忆是带有主观意识色彩的，当有人告诉我们"你经历过什么"时，因为我们不太确定这些不好的事情是否发生，仔细一想又好像确有其事，记忆就会根据主观意识的理解，自动补全细节，给我们一份生动明确的不好的记忆。但这份记忆可能是大脑虚构出来的。

最后，人们最容易在自怨自艾时回想那些不好的事情，这时候就会为了证明自己生活的凄苦而捏造出不好的记忆。比如，明明家里人对他还可以，他却会在潜意识里告诉自己："家里人一点都不关心我，让我自生自灭，活得这么辛苦。"类似于这样的情况，就属于人在捏造记忆来安慰、欺骗自己。

记忆是在脑海里积累和保存个体经验的心理过程，也是人脑对外界输入的信息进行编码、存储和提取的过程。人并不是准确无误的机器，受主观色彩影响较大，也就会捏造出不好的记忆，来满足自己心理上的需求。

05

情绪突然爆发，也许是"旧伤"在作祟

　　生气是一种负面情绪，当某种现象或事物违背了某个人的内心的准则或信念时，这个人就会产生生气这种负面情绪。生活中，人们生气的场景随处可见：老板因员工工作上的错误而生气；员工被老板指责得一肚子气；夫妻双方因吵架拌嘴生气；父母因孩子的吵闹而情绪爆发；道路拥堵，车子无法行驶也让人破口大骂；朋友间的不理解使人翻脸……而这一切的背后，都是因为心的"旧伤"开始疼，使人情绪迅速达到临界点，爆发开来。

　　生气，是大多数人最难以处理的一种情绪。生气时，人若是想起了以前的不如意、委屈与痛苦，会喉头堵塞，胸闷气短；若是被勾起了关于以前别人对自己如何不好的记忆，就会歇斯底里地大吵大闹，做出砸东西等具有破坏性的行为；更有人被人戳中了痛处，肾上腺素瞬间上升，直接动手打人，或是血压升高，出现脑溢血等突发性疾病。

　　有一个典型的"旧伤"发作的例子。德维恩在12年前背部受伤，失去了工作，便天天埋怨上帝不公。从那以后，他就开始封闭自己，拒绝回忆以前的生活，如果有人问他："以前的同事来看望过你吗？"他会气得脸都扭曲了，甚至涌出眼泪来，尖叫道："我再也不想看见他们！"由此可见，失去工作这件事成了他心里的一大道伤疤，与此有关的一切都让他感到痛苦。

　　然而他并没有避免触及这道伤疤，碰到前同事都会让他疼起来。36岁时，他第一次心脏病发作，只因为他在街上看到了一个前同事，他就双手抓挠着胸口摔倒在地，被医生救醒后，他说自己看见前同事就抑制不住地生气，接着胸口就有剧烈的疼痛传来。他的家人劝他不要再为以前的事生气，他的心脏已经不起刺激，他固执地拒绝了。结果，五年后他因为心脏病突发去世了。可以说，他缺乏对情绪的掌控力，一次又一次地生气，心的"旧伤"也疼了一次又一次，当心脏承受不了这种痛苦时，他的生命也就走到了尽头。

事实表明，人会把自己成长过程中受到的伤害都记在心里，时间久了也不会遗忘。当某人或某事触动了这些不好的记忆，心跳会加快，心脏收缩力随之增强，大量血液冲向面部和大脑，使供应心脏的血液减少，造成心肌缺氧，心脏为了供应足够的氧气，不得不加倍工作，引起心律不齐。所以，有人说，自己生气的时候气得心疼。

06

走出记忆旋涡，往事不再撩动敏感神经

生活有苦有乐，已发生的事就像饮品，既有香甜的甘露，也有苦涩的烈酒。那些美好的往事，自然可以回想，能够使人心情愉悦；但那些痛苦的回忆，就让它们封存在脑海里，不要再经常提起。可惜，偏偏就有一些人，始终在为过往而活，把所有的苦咸回忆都深深地烙印在心里，并且反复咀嚼，折磨自己，也辜负了年华。要知道，往事往往能够触动人的敏感神经，让人的心瞬间跌入过去的旋涡中，令人痛苦。

时常在当下回忆过去的人，若是现在过得比以前好，便会絮絮叨叨地向别人讲述自己以前有多苦，如何经过奋斗有了今天的成就，别人听得多了，觉得厌烦。比如说，老人们在年轻人挑剔食物时，会不断地说20世纪60年代他们的生活有多苦，每天要做多少活，还吃不上饭，连吃野菜都觉得香，诸如此类。毫无疑问，他们被触动了神经，便搬来往事教育后辈，可后辈人听前几次时，还能耐心地听着，反思一下自己的行为，听的遍数多了，而且翻来覆去都是那一套陈词，难免觉得厌烦。然而不耐烦一旦写在脸上，或是对老人出言不逊，双方之间就会产生矛盾。类似于这种情况的回忆往事，都可以算作自找麻烦。

还有一种情况，是人现在过得不好，便拿出过去的美好回忆做对比，一比就比出了心理落差，心里不舒服，自己闷闷不乐，还会使周围的人受到牵连。一个女孩子和前任分手后，遇到了一个老实的男孩子。但因为男孩性格憨厚，不懂得浪漫，不会说什么甜言蜜语，女孩便常常想起幽默风趣、浪漫十足的前任，选择性地遗忘前任对自己的伤害。有一天，女孩终于爆发了，向男孩抱怨道："你为什么这么笨，从来没送过我鲜花，也没说过什么好听的话，跟我前任相比，你简直就是一根木头！"男孩听了后，心里很受伤，直接说："他那么好，你去找他吧，我们结束了。"一段感情就这样夭折了，如果女孩能不拿过去说事，珍惜眼前人，慢慢教会男孩浪漫，那肯定是不一样的结局。

记忆就好比是一本独特的书，越翻越多，内容会越来越清晰，让人越读越沉迷。如果一味沉浸在往事中，只会让你狼狈不堪，品尝苦涩的味道。而那些内心强大的人，他们的神经也不会敏感，不会为往事多生事端，不会回头去缅怀悲伤，他们将往事当过眼云烟，认真地经营现在和未来。

07

小心"碎碎念"变成坏情绪扩音器

有些女人特别喜欢"碎碎念",如果对某件事不满,可以从早到晚不停地唠叨。可是男人听多了,像是在听紧箍咒。对于这种"碎碎念"的精神攻击,男人唯一的反应就是想逃。在生活中,不论男女,只要一个人喜欢"碎碎念"个不停,别人都会下意识地远离这个人。

"碎碎念"是表达内心不满的一种方式,所以不要把它演变成指责或试图改变什么。这不是老师在教育学生,必须要求对方做出满意的回应和改正,更不能使用有讽刺性的语气和词汇。

人们一定要记住自己"碎碎念"的目的,是要让别人知道你内心不愉快的感受,而不是在听你的教导和谩骂,否则很容易让他人产生破罐破摔的感觉,听与不听都无所谓了。毕竟谁也不是谁的情绪垃圾筒。

在"碎碎念"时,自己的不良情绪很容易随着无休止的言语传递出去,影响到别人的情绪,轻则让别人的好心情荡然无存,重则使别人心里沉寂的"情绪火山"爆发,造成不良后果。所以,当有话要倾诉时,一旦发现对方情绪状态不佳,就要强迫自己停下来,给双方调整的时间。不要等到别人压抑的情绪爆发后,才注意到自己的错误。

"碎碎念"也要有私密性。要注意,一定不要让"碎碎念"向"传八卦"靠拢,否则很容易惹祸上身。那样的"碎碎念"已经不是表达内心的情绪,而成了传小话的工具。这会让你的爱人和朋友,渐渐远离你。

其实，生活中的琐事，工作上的压力，总是避免不了在我们心中留下不佳的情绪，谁都会有"碎碎念"的需要。所以只要我们把"碎碎念"用得得当，就会让自己和他人变得轻松。但稍有差池，"碎碎念"就会变成坏情绪的扩音器。

保持情绪定力，别让情绪化打扰生活

当一个人的情绪状态因某些因素而发生大的波动，不定时地转换着喜怒哀乐等情绪，一会儿笑逐颜开，一会儿悲从中来，一会儿喜上眉梢，一会儿怒发冲冠，那这个人就是典型的情绪化患者。这类人一般都不够理智，喜怒无常，轻易地表达出强烈的感情色彩，让身边的人吃不消，自己的幸福也就被情绪化所谋杀了。

越能控制自己情绪的人，越能使自己活得快乐。有人心如磐石，泰山崩于眼前而面不改色，在遭遇重大变故时，能理性地解决问题；有人定力一般，在小困难面前不害怕，遇到大事才会不知所措，也不会有太多烦恼；只有那些容易情绪化的人，稍微一件小事，就能让他们烦躁不安，他们总是觉得生活一点也不称心如意，还谈何幸福。

情绪会影响人生活的方方面面，与人们的事业、婚姻和健康等都有着密不可分的关系。身体是革命的本钱，而突然的、不正常的情绪变化可能引起多种疾病，比如说心脏病、高血压等。在人际交往时，也没人会喜欢和喜怒无常、说翻脸就翻脸的人打交道。所以，一定要注意控制好自己的情绪，克服情绪化的冲动。

以宽容取代愤怒，你我都快乐

哲学家康德曾说：生气，是拿别人的错误惩罚自己。人的情绪中有两大魔鬼——愤怒与仇恨，几乎所有的不快乐都是由于它们造成的。同时我们也会经常会为此做出极端的事。同样，人的情绪中也有个天使——宽容。一切的快乐都以它为依附。

宽容的人可以让身边人的愤怒都变作温柔。曾经听说过这样一个故事：一对母女来到上海一家餐厅吃饭，负责为她们上菜的服务员在上一道菜时不小心把菜汤洒在了母亲的皮包和椅子上，母亲本能地跳了起来，十分愤怒，可是还没来得及发作，女儿便快步走到服务员旁边，极为温柔地微笑着拍了拍她的肩膀说："不碍事的，没关系。"服务员受惊地看了看女士，怯懦地说："我去拿布来。"女儿说："没事，没关系的，我们回去洗一下就好了，你去做事吧，真的没关系，你不用放在心上。"看到女儿如此温柔，母亲瞪了女儿一眼却又不好再发脾气就此作罢。

当天回到家里，母女谈话时母亲才得知缘由。两年前女儿在伦敦上学，为了锻炼女儿，大学暑假期间母亲不让她回家，让她自己策划旅行或试试兼职。这期间在家从来都是娇生惯养的女儿选择了去一家酒店当服务员体验生活。她被分配到后厨清洗酒杯，可是第一天上班她就闯祸了。好不容易把所有的杯子都洗完，转身时一不小心碰倒了一只杯子，随后所有的杯子都碎在了地上。女儿说："妈妈，当时我真的怕极了。可是您知道领班是什么反应吗，她不慌不忙地走过来，搂住了我，问我有没有受伤，随后让其他员工把一地的玻璃收拾了，自始至终她连半句责怪的话都没有，我感动极了。"还有一次女儿帮客人倒酒时，不小心把酒洒在了女客人的白色衣裙上，女儿说："我当时也像今天那位服务员一样慌张得不知所措，可是客人并没有责怪我，反倒来安慰我说没事，酒渍并不难洗，妈妈，是她们教会了我宽容的珍贵，我一辈子都不会忘记。"

事实上这样的故事并不少见，宽容的人一直在用他们的行动传递着宽容。人与人之间都有一扇交流的门，当你敞开心扉接纳一切时，你会发现一切都是可以接纳的，所有的烦恼、悲伤、愤怒都可以在宽容中化为乌有。被人宽容的那一刻你会感觉整个世界都温柔了，给人宽容的那一刻，你会发现原来宽容比愤怒更容易换来快乐。

10

电影配乐中的"情绪流感"

我们在观看电影时，常常会受到剧中人物的感染，将个人情绪代入进去，体会主角们的喜怒哀乐，这是一件正常的事。但有时候我们也会疑惑：我并不是个爱哭的人啊，主角的命运也没有很悲惨，我怎么就哭得稀里哗啦的？这就要归功于电影中的配乐了，要知道，电影配乐中有"情绪流感"，能充分地起到传播情绪、营造氛围的功效。

音乐这门艺术比较抽象化，就算你能听出音乐的节奏、旋律、音色，你也无法得到具体的信息内容。然而，音乐却能够在很大程度上影响人们的情绪与情感，在表达情绪方面，就算是语言也不如音乐表达得细腻、准确。这也就解释了我们看电影时，觉得演员台词念的生硬，却轻易被配乐打动的原因。

关于音乐在影响人情绪方面的独特功效，著名指挥家小泽征尔曾有过准确的表述，他认为音乐包含快乐、诙谐、忧伤、孤独等情绪，这如果用语言来表达是很简单的。但音乐中的情绪不需要用文字来解释，它能直接进入人们的心灵中去。而早在 1995 年，在一次调查研究中，就有七成美国年轻人表示他们喜爱音乐的原因是"音乐能引发情绪与情感"。电影导演们正是认识到了音乐的独特功效，才会在电影中插入配乐，二者相得益彰，使无数观众为之倾倒。

纵观各大著名影片，都有精彩的配乐。导演们把握着电影情节的节奏，在情节需要时配上合适的音乐，既能渲染气氛，又能抒发人物内心的情感，还能深化主题，调动起观众们的情绪。举例来说，在徐克导演的电影《青蛇》里面，王祖贤和张曼玉出演白蛇和青蛇，两个蛇妖风情万种地出场不久后，白蛇看到了许仙，此时的配乐正好是《人生如此》："人生如此，浮生如斯，缘起缘灭，谁知谁知。"象征着白蛇与许仙结缘。而后随着电影剧情的起伏，音乐也从简约到华丽，又从悲情到绝望。这部电影里的美人固然出色，但更出彩的就是黄霑制作的一系列原声配乐了，令人一想到这部电影，就想起那一句句富有哲理的"人生如此，浮生如斯……"

知道电影配乐中有"情绪流感"后，再去看电影时，不妨试着留意一下配乐。能用配乐加强影片的感情色彩，使整部影片与观众情感达到契合的导演，一定是非常用心了。

11

信息过多过快，带来信息焦虑症

我们已进入信息时代很久了，在这信息大爆炸的年代，信息传播的速度非常快。一发生什么比较轰动的事，网上立刻就会出现相应的新闻，各种真真假假的信息满天飞。信息的传播速度快，固然有利于人民的生活，让人能迅速了解最新发生的事情，但信息过多过快，就引发了一个显著的弊端——信息焦虑。

信息焦虑又称"知识焦虑综合症"，病源就是过多的信息引发了焦虑。由于大脑长期大量接受、处理信息，造成大脑皮层活动抑制。一些长时间看电视或上网的人因此会被引发一系列疾病，容易出现突发性的恶心、呕吐、焦躁、神经衰弱、精神疲惫等症状。之所以会出现这些不良情况，都是因为过多又繁杂的信息让人太过焦虑了。

比信息传播更快的是焦虑。大量信息在短时间内涌入大脑时，大脑来不及消化这么多信息，就会产生焦虑感。另外，大脑中可能同时贮存大量同类型信息，因为接触太多了，而人们不善于分析和处理，思绪就会混乱，让人觉得焦虑。再者，现在的知识更新换代太快了，人们不得不拼命学习新的知识，以跟上时代的步伐。因为负担太重，或者害怕落伍，就又逐渐有了焦虑之感。

想要摆脱焦虑，不可能一挥而就，需要慢慢进行。这又分为以下两个方面：

一方面，要认识到"信息焦虑综合征"并不可怕，我们要找到它的起因，在生活中多加注意，尽力调整自己的生活方式，如每天只浏览两种媒体网站，保证足够的睡眠，吃健康的食物，有规律地生活等都可以有效缓解焦虑症状。

另一方面，不要担心太多，尽力放下自己的心理包袱，如此才能心情舒畅。有时候你越是焦虑，越是不安，在工作方面受到的不良影响就越大。与其在心烦意乱中浪费时间，不如静下心来，做好自己分内的事，事情的结果也会比你担心的好得多。你要记住，心烦意乱不能帮人解决任何问题，唯有保持内心的宁静，远离焦虑情绪的不良干扰，才能专一地朝着目标前进。

12

"情绪感染"在家庭中更容易升级

在人际关系互动中，人们都在不断地传递着各种情感信息，这种情感信息会让自己的情绪波动很大，由此可见，情绪是有感染力的，这种感染力在家庭中尤为显著。留心观察、对比，不难发现，"情绪感染"在家庭中更容易升级。

小学生亨利因为上课走神被老师痛骂了一顿，心情十分低落。当他回到家中时，家里的狗像往常一样来迎接他，往他腿上蹭，烦躁的他无心与狗狗玩耍，上去就是一脚，踢开了狗。受到惊吓的小狗落荒而逃，向门外跑去，一不小心撞到了站在门口的男主人，男主人心疼自己昂贵的裤子被弄脏了，心里又是惋惜又是生气，追着狗打。正巧女主人下班回来看见了，喜欢小狗的她火冒三丈，开始训斥丈夫，双方吵得不可开交，翻出了很多不开心的旧事，连晚饭都不做了。饥饿的亨利偏偏要火上浇油，跑过来指责父母不做饭，父母便把矛头指向了他，批评他好吃懒做、不认真学习、总给大人添麻烦等。亨利又委屈又气愤，大声跟父母吼叫……家里乱成了一锅粥，每个人都不欢而眠。

家有家风，每个家都有其独特的氛围。本来家应该是温馨的，但家庭成员们生活在一个屋檐下，平日里少不了磕磕碰碰，也容易滋生各种矛盾。那么，当争执发生时，每个人都会站在比较亲近的人这一边，所以，家里一旦有了争吵声，每个成员都别想置身事外。家庭的复杂性和独特性决定了成员之间不可分割来看，一个人情绪暴躁，其他人也会被感染。

经研究发现，情绪就像病毒一样，能快速地从这个人身上传播到另外一个人或好几个人身上，被感染者有时会一触即发，有时情绪会被暂时压制在身体里潜伏下来，在恰当的时机爆发出来。所以，情绪是互相传染的。而在其他地方时，我们面对的都是不太熟悉的人，就算有情绪了，也能克制一下自己，维持表面上的风度与礼貌。当回到家里，这个熟悉的环境，面对熟悉的亲人，仿佛知道吵起来了也不会有什么太坏的结果，很容易就肆无忌惮地发泄自己的情绪。

要想避免家庭内部的"情绪感染"，每个人都要为此付出努力，一方面，在进家门之前，要把所有负面情绪都留在门外；另一方面，要对家人多一些宽容和谅解。当家庭成员间有问题要解决时，最好是双方平心静气地探讨解决方案，不要牵扯上其他成员。当讨论家庭大事时，要就事论事，解决好主要矛盾后，再把次要矛盾逐个击破，家里就不至于乱成一锅粥了。

13

乐观，你的"魅力导师"和"成功导师"

哲学中的世界是一个整体，一点点的不同就会引起所有的改变。但是你知道在情绪的选择中也是一样的吗？不同的态度也会引起一系列不同的表现，所以乐观情绪也会带来"蝴蝶效应"，具体表现有下面几点：

第一，乐观的人身边从不缺少朋友，而且在生活中你会发现在乐观者身边有更多乐观的人。这是因为，他们总是处于轻松、自信的心境下，对外界也没有过多的要求，所以他们属于极易相处的人群。他们总会变成所处环境中的"拯救者"，因为他们是最不易失去奋斗方向的人，在困难和挫折来临之时，他们也是最能平静接受并有勇气带领大家勇往直前的人，所以他们在团体中总会在不经意间唤醒很多处于悲观状态的人，乐观的人带给身边人的总是积极快乐的正能量，身边的人自然会在乐观情绪的影响下变得开朗，因此乐观的人总是受人欢迎的。

第二，在生活中你会发现乐观的人更容易成功，从乐观中获得更多快乐。这是因为，在生活中乐观者面对一切烦恼都会有信心说：一切都会过去的，这是黎明前的黑暗。而悲观者则会抱怨：烦恼怕是过不去了，我的一生都好像是苦海。所以乐观者的全世界都是美好的，悲观者的全世界都是灰暗而哀伤的。乐观者看到的是希望，悲观者看到的却是深渊，所以乐观者总是快乐地面对这世界，这个世界也同样给予他信心。乐观的人总有着积极振奋的力量，由此做什么事都会感到力量倍增，即使在艰难的条件下也可以创造奇迹。

听说过这样的一个故事，曾经有一位将军带兵打仗，他天生乐观。信心十足的他看着一群悲观的士兵，很是担心。于是他走到一座庙前，给士兵们说："我手里有一枚铜钱，现在请神明告诉我们这次战斗会赢还是会输，如果铜钱落下正面朝上就代表会赢；反之，就代表会输。"士兵们纷纷跪下祈求。铜钱落下，果然正面朝上，随后在战场上士兵们士气高昂，奋勇作战，一扫开始的悲观不安。最后，这场战役胜利了，有士兵提出要再去感谢神明，这时将军拿出铜钱说："不用了，应该感谢的不是神明，而是自己。"将士们一看这枚铜钱原来两面都是正面。士兵们明白了，原来不是神明相助，而是乐观自信的情绪给予的力量。这个故事告诉我们乐观就是那个可以拯救自己的"神明"，因为乐观会给你意想不到的"蝴蝶效应"。

乐观情绪不仅是生活上的"魅力导师"，同样也是事业上的"成功导师"。乐观会给你的人生带来不一样的精彩。

14

引发不快乐的十种行为

我们的所作所为会决定我们的人生高度，而我们的情绪状态会影响自己的行为。如果情绪完全是由自己掌控的话，人们都希望自己永远拥有好心情，但由于情绪感染的存在，人的情绪状态就会受到别人的影响。那些负面情绪会带来负面作用。人生在世，本就是一个不断追逐快乐的过程，而以下十种行为要坚决杜绝，因为它们会偷走你的快乐。

第一，与他人攀比。攀比之心要不得，与人攀比，赢了的人扬扬得意，很容易飘飘然，之后会担心别人超越自己，这快乐也就不那么纯粹了；输了的人更是心里难受，容易产生自卑、消沉等不良情绪，对自己有害无利。

第二，沉迷科技。沉迷于科技，会让我们脱离现实生活。比如说，玩电脑、玩手机固然是不错的娱乐活动，但人是要跟实际生活接轨的，不如多花时间在如何提升自身素质上。

第三，易受他人情绪感染。要在自己和别人之间挖条"护城河"，防止别人传播坏情绪过来。比如，有人向你诉说不幸时，你可以倾听和安慰，但不要让自己陷入那种负面情绪里，而后要正常继续自己的生活。

第四，为他人而活。不要太在意别人的眼光与看法，人是为自己而活的。越在意别人，越会受到条条框框的限制，不能随心地生活。多听听自己内心的声音，做真实的自己。

第五，追求完美。金无足赤，人无完人，人身上多多少少都会有一些缺点。我们要不断地让自己变得更好，但完美几乎不可能实现，过于追求完美，会丢掉自己的个性，让生活变得单调，不完美也是一种完美。

第六，将梦想握得太紧。有梦想固然是好事，可以让人坚持前行，但把梦想握得太紧，会在无形中给自己增加很多压力，也会因为一心只想快点走而忽略掉沿途的美好。更重要的是，握得太紧的梦想比较脆弱。

第七，追忆过去。也许你的过去真的十分美好，才会让你总是追忆，但追忆过去的时候，当下的时光就不知不觉地溜掉了。而把握当下的人，会尽力让自己生命的每一刻都过得有价值。

第八，担忧未来。未来的迷人之处，正在于它的不可知性，才会让人憧憬自己的未来有多美好。而担忧未来的人，完全是在杞人忧天，自找麻烦。如果真的不对未来抱有乐观设想的话，不如直接去努力工作，多积累资本。

第九，忽视自己。有时候，我们会将别人放在第一位，太过关心别人的喜怒哀乐，从而忽略了自己的需求，让自己增添了很多压力。其实最应该关心的人是自己，一个充满活力、心情愉快的人，自然会让身边人觉得轻松。

第十，活得太认真。有句哲语叫"难得糊涂"，的确，生活中的很多事都需要我们认真对待。但有些时候不能太较真，给自己稍微放松一下，就会免去很多烦恼。归根结底，我们要享受生活，而不是被生活的条框所限制。

15

提升对他人负面情绪的免疫力

情绪是可以传染的，不管是积极还是消极的情绪都具有传染性。如果是好的情绪自然好，但我们能受好情绪的感染，同时也会受到别人坏情绪的影响。一项调查显示，在职场上升迁，或是工作较有成就的人，绝大部分是在情绪上具有稳定性格的人，而并非完全是那些才华横溢或智商较高的人。这种稳定性格不仅包括能很好地控制自己的不良情绪，还包括对别人负面情绪的"免疫能力"。

无论是在工作中，还是生活中，我们的心情总是容易被别人的情绪所感染。那么，如何提高自己对别人坏情绪的"免疫力"呢？

首先，如果可以，请尽量远离消极的人。如果一个人见了你，不是抱怨老板刻薄，就是埋怨天气不好，或者哀叹自己最近的运气多么差。请你尽量远离这样的朋友，就算你对坏情绪的"免疫力"再强，也不能保证长期与其在一起不受一点影响。

其次，凡事要有主见，专注于自己的心情。没有主见的人，最容易受别人情绪的感染，当与你在一起的人比较消极的时候，你可以安慰他，尽量向他传递你的正面情绪，而不是被他拉入消极的旋涡。必要的时候，比如他是那种谁见了都想躲着的人，那么你就把他当作"病人"，不理他就是了。

最后，寻找传递给你消极情绪的人的优点。当你不得不与一个消极的人在一起时，比如他是和你一个办公室工作的同事，每天至少有八个小时在一起，逃避不是办法。若是任由自己厌恶的情绪蔓延，则会加重你的坏心情。不如换个角度去看问题，看看他身上的优点，想他除了爱发牢骚外，其实也有可爱的地方，如此转移注意力，然后你就会发现自己的心情也会变得好一点。

要学会控制自己的心情，而不是让别人决定你的心情，加强自己对别人坏情绪的"免疫力"，只有这样才能每天拥有好心情。

第三章

/ **情绪会表达，读懂他人情绪并不难**

01

高情商就是能体察他人情绪

许多证据显示，擅长处理情绪的人，在人生的任何领域都具有优势，不管是在亲密关系中，还是在办公室里，都能取得更有力的位置。高情商的人也更适合做管理者，能够更好地处理人际关系。

哈佛大学心理学博士丹尼尔·戈尔曼曾做过一系列研究，发现一条显著规律，高智商的人和高情商的人在为人处世上的表现是不一样的。高智商的人理性，性格内向，做事沉稳，比较擅长"做事"。高情商的人感性，性格外向，讲究生活情趣，"做人"很出彩。

丹尼尔·戈尔曼曾说过，高情商的人比较有担当，有着强烈的责任感，很能照顾他人感受，乐于帮助别人。这使得高情商的人在人际交往中如鱼得水，因为在与人打交道时，识别不了他人的情绪、理解不了他人感受的人，无异于拥有一项严重的缺陷。

职场犹如战场，对人的能力和情商都有着严格的要求。情商理论被有志于职场奋斗的人士视为宝典，因为其中囊括了众多管理学和领导学等方面的知识，能够为人提供切实可用的奋斗方法，大大提升学习者的领导力。不管在何领域，那些在职场大有作为的人、处于领导阶层的人，一般都拥有很高的情商。

丹尼尔·戈尔曼曾以百余家大型的跨国公司为研究对象，持续跟踪研究了几年时间，得出结论：要想成为领导人，高情商是必备条件。一方面，影响员工绩效的主要元素有技术能力、智商和情商。经过对比，情商在总绩效中所占的百分比最高，情商越高越容易做出成绩。另一方面，管理层需要和众多员工接触，从底层主管到高层董事，他们的情商与职位高低成正比，在公司的职位越高，情商发挥的作用就越重要。对于领导者来说，高情商使他们能够轻而易举地带动整体员工的工作节奏，点燃大家的工作热情，营造出良好的工作氛围。

高情商的人拥有良好的自控力、观察力和影响力。首先，与人相处时，他们能控制自己的情绪，使自我不失控；其次，他们能够读懂别人面部表情、肢体语言以及言外之意，洞察他人情绪波动；最后，他们能够以自我行动影响别人心情，做到管理他人情绪。这类人去从事管理工作时，往往能收到事半功倍的效果，实际上，他们中的大多数的确也担任了公司的各级领导职位。

具体来说，高情商者对别人能做到关怀备至，他们的体贴会打动人心，显得富有人情味。遭遇困难时，他们不会流露出沮丧、消沉等负面情绪，而是表现出斗志百倍、昂扬向上的样子，能够极大地给他人安慰和鼓励，而后担起带领别人渡过难关的重任。这样的人，大家会自然而然地信任、追随他们。

02

想了解他人情绪，先学会移情

在与人交往时，及时了解他人情绪，能够使双方交流更顺畅，还可针对他人真实感受，对症下药地选择适合的交际方法，是社交的一大利器。要想了解他人情绪，首先就要做到移情，设身处地地站在他人的角度，充分感知、理解他人的感情。移情能力良好的人，往往行事恰当妥帖，能够很好地照顾他人感受，因而建立起良好的人际关系，同时提高了自身的道德修养，加强自身的心理素质，这些都有利于人获取成功。

目中无人者看起来难以接近，骄傲自大者没有亲和力，故步自封者走不进他人的世界，这些都是交际场上的大忌。而移情能力的提高和使用，能够让人跨越自我的情感界限，去尝试理解他人的感受，移情这一举动表现出来的就是友善和体贴，善于运用移情能力的人很容易受到大家的欢迎。

移情是一种传达友善的交际手段，也是尊重体贴别人的体现。有人说现代社会"行事冷漠，人情淡薄"，一大原因就是很多人在交际时没采取恰当的方法，给不了别人温暖、体贴的感觉。而移情能够有效避免淡漠和误解，达到交流双方思想、进行情感上的沟通和理解，让人际交往进入和谐状态。

在与人合作时，移情还是双方交流感情、产生共鸣的基础，促进合作成功。情商高的人，总能够运用移情能力，在情感上给予别人帮助，站在别人的立场上看问题，明白别人的情绪波动，然后为对方着想，维护别人的利益，促进双方的友好交流。一个将移情发挥作用的人，会鼓励别人和自己和谐相处，使双方更加坦率真诚、更加推心置腹，避免一些不必要的冲突和误解。

适当地运用移情这种情感共鸣的交际方法，不管是在平常生活里，还是在职场上，都能够及时、清晰地了解他人的情绪，而后增进与他人的感情，换来他人的真心对待。

相信他人，用积极眼光看待身边人与事

"人若无信，不知其可也。"千百年来，诚信一直是道德标准之一，也是无数人安身立命的前提条件之一。一个讲诚信的人，别人才乐于和你打交道，和你合作。但很奇怪的是，很多人都是很相信自己，对别人的诚信度持有怀疑心理。其实，不妨推己及人，当我们为自己贴上"诚信"标签时，肯定是希望别人信任我们，但我们不相信别人时，别人会相信我们吗？所以，要想建成诚信关系，每个人都要尝试着去相信别人，如同相信自己那样。

给别人多一些信任，少一些怀疑，生活的烦恼就会少很多。同学获得好成绩了，同事的职位晋升了，竞争对手做事成功了……这种时候，有些人会怀疑别人是不是用了什么不光彩的手段，自己那么努力却失败了，而不肯相信别人的成绩。类似的情况在生活中比比皆是，但这些怀疑越多，自己活得越累，若是肯相信别人，就不会有这些烦恼了，生活会轻松很多。

相信别人，接受别人的善意和示好，别想得太复杂，就会交到真心朋

友。很难相信别人的人，当别人伸出友谊之手，他只会感到疑惑和惊慌；在别人的善意帮助面前，他还会想别人是否有什么不好的目的，不敢接受甚至拒绝。对于这些不能相信别人的人，生活、交际于他们而言都是很有压力的事情，他们给自己下了禁锢，就不可能活得精彩。

信任是进行人际交往的基石，信任别人，是对别人的尊重，还能展示出你的开阔胸襟。交朋友向来都是"投之以桃，报之以李"，你真心相信别人，别人被你的诚意打动后，自然不会辜负你的美意，也会信任你。

在遇到问题时，也可以试着去相信别人，人各有所长，别人的意见说不定比自己的更好。人生在世，一个人不可能做到面面俱到。总会有一些自己不擅长、不知道如何解决的问题，这时就应去向他人求助。然后，不要总是质疑别人的方法和建议，这会挫伤别人的积极性，甚至使别人不想再帮你。相信别人的意见和方法是正确的，问题就变得简单，怀疑和误解也就不会累积，双方感情就不会出现裂痕了。

相信别人是善意的、真心对自己好的，用积极正面的眼光去看待与自己相关的人和事，这有利于培养出开阔的胸襟和开放的心态。当然，人都有戒备心态，"相信别人"不是立刻就能做到的，我们可以让自己慢慢转变，先从小事开始相信别人。给自己时间，给别人机会，当你可以像相信自己那样去相信别人时，便可感受到轻松的心态，享受美好生活。

04

有效沟通，帮助你快速了解对方

俗话说："知己知彼，百战不殆。"不论是在商业合作中，还是在人际交往上，"知彼"都会使事情得到圆满解决，收到良好的效果。而要想做到"知彼"，有效的沟通是必不可少的。有句名言就是"沟通得再多也不多"，但有时因为时间限制或者别的原因，我们没有太多机会去不断沟通、摸清对方心理，所以，做到有效沟通很重要，这可以使沟通富有效率性，快速达成沟通目的。

沟通时的忌讳之一是只顾着自己喋喋不休，却没有认真聆听。掌握不了聆听的技巧，往往会做无用功，事情也得不到进展。在交流时，你要说清楚自己的意图，但了解别人的想法也很重要，一味地追求对整个对谈场面的控制，会无形中让对方受到忽略，失去了交流的欲望。不妨先说出自己的意见，然后仔细聆听别人对你意见的回馈或反应，这样一方面可以得知对方是否了解你的意图，另一方面你也能从中看出对方所关心、愿意讨论的重点是什么。

将沟通看成竞赛非要分出高下，也是不明智的做法。和别人交流时，双方产生分歧、出现矛盾很正常，这些都可以解决，但有的人却拿鸡毛当令箭，一定要证明自己有多正确，从而大力寻找别人话里的漏洞，为某些无关紧要的细节争得面红耳赤，这种竞赛式的谈话方式会让对方感到压迫性和侵略性，双方的交谈也就到此为止了。所以，沟通时不要咄咄逼人，用平和的话语表明自己的意思就足够了，随性的谈话方式容易被人接受。

要想进行有效沟通，不妨从以下四点做起：

第一，牢记沟通的目的，所说的话语围绕目的展开就好。开门见山的说话方式可以节约很多沟通的时间；慢慢引出话题、表明目的容易被人接受，不管采取什么方法，都不能脱离中心，必须知道自己应该说什么，别人才能明白你的目的。在对方试图绕过话题时，要提高警惕，再将话题引回来。

第二，选择合适的沟通时机，时间选得好，沟通就方便多了。比如说，有报告显示，员工最好在周五向老板提出加薪、升职的要求，因为此时老板大都做好了周末的放松规划，心情比较好，也乐意给辛勤工作了一周的员工发放福利。反过来，在朋友忙成一团时，你跟他说我们去哪里游玩，朋友肯定没有心情回复。

第三，找到正确的沟通对象，事情才能得到解决。有些事只有找到了特定的人才能解决，那就没必要去跟别的人白费口舌。否则，你说得再好，在错误的沟通对象面前，也达不到沟通的目的。

第四，掌握沟通技巧，根据沟通对象的特点，灵活运用沟通的方法。在沟通时，可以多观察对方的面部表情、说话方式和肢体语言，从中发现对方的性格特点，而后采取恰当的沟通方法，提高沟通效率。

如何做一个有魅力的倾听者

倾听是比说话更重要的一种社交能力，懂得倾听对别人来说不仅是一种尊重更是一种无声的安慰和守护。事实上，生活中并不缺少能说会道之人，缺少的是懂得倾听的人。

通常，当我们遇到一个只会自顾自高谈阔论的人时，我们更多的感觉是不屑与远离，但是当我们遇到一个懂得倾听的人时，我们经常会发自内心地对这个倾听者产生莫名的亲切感。所以在大多数人眼中懂得倾听者都是温柔的，他们一定有一颗善良可敬的心；相反，大多数人会反感高谈阔论者的卖弄和自认清高。那么，倾听者的魅力到底是什么呢？

倾听者的魅力在于懂得适时沉默，用心倾听。生活中开心精彩的事很多，伤心难过的事也不少，很多人都希望这么丰富的故事能够有人分享，或许并不是为了求得评论和赞同，只是为了单纯的分享就足以慰藉心灵。懂得倾听的人不会敷衍诉说者，更不会去打扰沉浸在诉说中的他们，倾听者懂得这个时候只需要安静地倾听便是，因为他们或许并不需要长篇大论的教化和说道，大道理大家都懂，他们此时急需的只是要把内心的快乐和不快乐尽情发泄掉而已。所以学会做一个有魅力的人就要学会倾听，学会倾听首先要学会适时沉默。

很多时候，人会把情绪用语言的方式去发泄，并希望有人能倾听他们的故事或苦恼，这些分享一部分源于本能，一部分源于信任，他相信你会倾听并会理解。所以最好的守护是"此时无声胜有声"，用心倾听。

倾听者的魅力是懂得换位思考，用心感受。我们不仅要做忠实的聆听者，更要做最好的心灵守护者。想象一下如果自己是坐在对面的倾诉者，你肯定不仅希望倾听者能够认真倾听你的诉说，更希望他们能够感同身受吧，这样他们才会更加理解你此刻的心情。所以说细心的倾听者懂得换位思考，懂得站在诉说者的角度给出一个令他满意的答案。有时候诉说者就是为了寻求一个和他一致的答案而来的，这是在给心灵寻找一种安慰。学会倾听也就是要学会给身边的烦恼者一个可以解脱的答案。

这个世界上并不缺少真正的演说者，缺少的是用心灵去感受另一颗心灵的倾听者。著名记者马尔逊曾经说：很多人不能给人留下好印象的原因，是由于他们不愿意用心倾听别人谈话。这些人在乎和关心的仅仅是自己下面要说什么，而不是把自己的耳朵打开。马尔逊还说：若干名人曾这样跟我说，他们所喜欢的并不是滔滔不绝的人，而是那些善于静静聆听的人。遗憾的是，拥有这种好习惯的人，似乎比拥有任何其他的好品质的人更少见。善于倾听者才是最无私者，然而这种无私却很少有人能做到。其实有时候有些人并不真正需要心理医生，他们只是想找个能用心听他们讲话的人罢了。

情绪要靠情商来排解，倾听别人的故事就是在给别人解放心灵的烦恼，倾听就是一种情商，学会倾听不仅是一种社交能力，更是一种守护自己和别人心灵的能力。

善于听取他人意见，容纳不同声音

人的一生很难一帆风顺的，总免不了遇上一些问题，在一些关键时刻，要善于听进去别人的意见，容纳各种不同的声音，学会从别人身上获得经验，才能获得成长。

富兰克林年轻的时候很自负，当别人与他的意见不同时，他总是表现出一副强硬且自以为是的样子。别人的意见他从来都不会听到心里去，更别说按照别人的意见去改正了。所以他早年的人际关系不是很好，也因此而得罪了不少人。

直到一位知心好友对他真诚相劝时，他才幡然悔悟，改变了自己以往不听取别人意见的做法。"富兰克林，像你这样是不行的。"那个朋友这样劝他，"你这种态度会令人觉得很难堪，以致别人懒得再对你提出意见了。"富兰克林听后不置可否，他觉得这无所谓，别人爱怎么说怎么说，他只要按照自己的想法去做就是了。

这位朋友继续指出了这种态度的严重性。他说："你总是一副好像无所不知、无所不能的样子，别人就对你无话可讲了。这样下去，人人都懒得和你谈话，因为他们费了许多力气，反而被你弄得不愉快。你以这种态度来和别人交往，不虚心听取别人的见解，这样对你自己根本没有任何好处。也许，你从别人那儿根本学不到一点东西，可是事实上，你现在所知道的却很有限。"

富兰克林听了之后讪讪地站起来，一边拍着身上的灰尘，一边说："我很惭愧。不过，我实在也是很想进步的。""那么，你现在要明白的第一件事就是，你这样听不进去任何意见，是很愚蠢的，而且是愚蠢得没有自尊了。"朋友说。

后来，富兰克林又连续受到了打击，不过他站起来的时候，已经下决心要把一切骄傲都踩在地下。他试着去温和地听取别人提出的意见，过后再仔细想想，有些意见还真是对他很有益处，那是些显而易见的小失误，自己没有察觉，而别人发现了，之后告诉了他。渐渐地，他开始善于聆听别人的意见，身边的朋友也多了起来。

每个人都不可避免有犯错误的时候，通常这种情况发生的前提是，自己没有意识到，或者是偏执地以为自己的做法就是正确的。如果有幸能够被身边的人指出来，不要觉得丧失颜面，无论别人是婉转还是直接地表达出来的意见，都要用心去聆听，反思自己是否真的做得不够完美。这样才能获得良好的人际关系，提高自身的处事能力。

07

了解真相之前，不要妄下结论

我们在实际的人际交往中会遇到很多的问题，这些问题很大一部分都来自于我们自己的判断和猜测。但事实上，很多时候这些猜测是没有道理的，甚至严重时还会伤及你和朋友之间的关系，所以，在任何时候都不要妄下结论。

有时候我们会有这样的心理，总是认为"自己做不到，所以别人一定也不可能做到"，其实真实的情况是"你做不到的事，不代表别人做不到"。

在很多情况下，别人并没有那么坏，是我们把人家想坏了。所以，在生活中，我们应该学会以平和的心态去对待周围的人和事，在没弄清真相前，千万不要妄下结论。

不论是对人还是对事，很难用非好即坏、行或不行的标准来定义，大多数的人和事都不能一棒子打死。好人也会做错事，坏人也有干好事的时候。如果非用好与坏来评判人，绝大多数人都是在好和坏之间游走，一个动态的走势却用一个时间点的表现来评价，是有失公允的。其实，好和坏、黑和白之间还有个中间状态，决不能非黑即白地下结论。

有时候结论也并不是那么重要，尤其是事情已经结束，重要的是发现过程中存在的问题，并及时改进，而不是借题发挥去攻击他人。要下结论不是不可以，但必须经过充分的调查，没有调查就没有发言权。

在工作和生活中，这种妄下结论的事情一直在上演。例如，孩子一次没考好，家长就会说他（她）是差生，长此以往他（她）可能自己也把自己划为差生，自信心完全崩溃。

为了你自己有一个和谐的人际关系，为了团队有一个健康向上的内部环境，无论你是不是管理者，都请避免妄下结论。

08

情绪表达时学会角色转换

情绪表达时学会转换角色是一种智慧、一种精神、一种境界。情绪表达时重在沟通，沟通是一种智慧，要做到"己所不欲勿施于人"，用开放包容、理性平和的健康心态去沟通，要设身处地地为他人着想，不侵犯他人的权利，不抱着私欲的目的，一心一意满足对方的愿望。如此看来，学会角色转换无疑是十分重要的，既能收到良好的沟通效果，又能提高自己的交流能力和自身修养。

角色转换有利于更好地理解他人的行为以及思想方式，在我们想要表达情绪时，如果能够停下来，站在对方的立场上想想问题，说出的话就会更加理性，更能够解决问题而不是制造问题。

你曾经有没有深深地误解过自己的家人，有没有把家人的付出当作是天经地义的事？这时，你可以和家人进行"角色互换"。也许只需要不长的时间，就能深切地感受到家人的艰辛与不易，懂得以后该如何去孝敬父母；而同时，当父母的如果能和孩子进行"角色互换"，也会学习到如何更好地与孩子们相处。这就是角色转换的力量。

角色转换能力，也是婚恋、人际交往中的基本功之一。具体要求是能够根据需要及时地在各种角色之间进行转换。

当对方痛苦时，你可以做一名非常专注的倾听者，带给他（她）心灵的抚慰；当对方高兴时，你应该是热情的分享者，让快乐加倍飞扬。只有不断地进行角色转换，爱情才会永远充满魔力，焕发出绚丽的光彩。

要知道，角色转换不是虚伪，不是圆滑，不是做作，而是性格灵活的体现，是人格成熟的重要标志。提高角色转换能力可以使恋爱更自然更完美，使心智更完善，使爱情更甜蜜！

现实生活中，完全没有角色转换能力的人是极少的。所不同的是，有的人转换能力强一些，有些人则弱一些；有的人转换快一点，有的人则极其缓慢。值得注意的是，角色转换能力太弱或者太慢，对我们的生活都是不利的。

在生活中，提高自身角色转换的能力是十分有必要的。首先，要对自己想要转换的角色进行调查，收集资料，只有充分了解才能有所准备。然后，可以自己私下里进行练习，去扮演一些角色，积累经验。最后，在需要进行角色转换的时候，要迅速反应过来，主动站在别人立场上看问题。只要肯做有心人，就会发现角色转换并不是难事。

09

从言谈话语中读出他人情绪

处世老道的人或许说话比较圆滑，但人与人之间沟通交流时，是一个互动的过程，即便是想尽力伪装也会有些困难。不管别人说出的话如何好听，只要细心观察，总能发现他们内心的蛛丝马迹，要从言谈话语迅速看透他人，就不能让他人的情绪悄悄流失在言语交流中。

人的声音和说话者当下的情绪息息相关，声音的大小、轻重、清浊、长短不同，也表现出说话者的情绪发音不同。古代郑国政治家郑子产有次听到一位女子在坟前哭亡夫，发现女子声音里只有恐惧，没有悲伤，就下令逮捕了女子。果然，经过审查，女子是和奸夫一起害死了自己的丈夫，可见郑子产闻声辨人的能力很强。

人的声音，总是随着情绪的变化而变化。声音平和，则情绪稳定；声音清亮，则内心畅快；声音有些刺耳，则情绪渐渐活跃；声音深沉迟缓，则处于郁闷之中；声音浑浊沙哑，说明有紧张不安的情绪；说话声音节奏明快，说明内心坦然；声音沉雄厚重，说明很有自信……

有些人说的话滴水不漏，语气却很值得玩味。和声细语的人，如果是女性，一般都比较温柔体贴，是男性的话，说明他比较宽容大度。轻声小气的人，说明他们的态度很谦恭，尊重和自己说话的人。高声大气的人，性格比较直接，有什么说什么，往往是个热心肠。语气凝重深沉的人，做事态度都比较负责，但缺乏活力，不易变通。语气锋锐严厉的人，多是情绪不佳，有未解决的问题。语气刚毅坚强的人，很公平公正，原则性强。

仔细剖析谈话的内容，也可以分析出他人的个性。只谈自己的事的人，说明他有很强烈的自我意识，渴望得到大家的肯定和称赞。说不了几句就开始抱怨的人，说明他有郁闷烦恼的情绪，不懂得宽容别人。经常和人谈论时事的人，对新鲜事物和流行话题比较关心，直觉比较敏锐，有一定的判断能力。老是附和他人观点的人，这种人防卫心强，喜欢明哲保身，作壁上观，不喜欢担责任。讨厌严肃话题的人，说明他不喜欢参加集体活动，一遇到严肃的事就情绪紧张。

除上述内容外，在交流时，对方对你的称呼越亲密，说明他越重视你，心情也比较好。

从肢体动作中读出他人情绪

　　当有患者前去咨询心理问题时，心理医生往往会从患者进门的那一刻开始，就认真观察患者的神情以及动作，因为在某些情况下，人说的话可能是假的，肢体语言却会如实反映出人的情绪、心理状态。心理医生就是在患者的咨询过程中，一直关注他们的肢体语言，以此分析、确认他们的情绪状态，而后采取恰当的治疗方法。当然，读懂肢体语言并不是心理医生的专利，只要对心理学有所研究，学习一些有关肢体语言的知识，再多加练习，我们也可以掌握从无声的肢体语言中读懂情绪密码的方法。

　　之所以说肢体语言中含有情绪密码，是因为人的情绪会影响身体，驱使器官用不同的动作表达人内心的真实情绪。除了摇头、跺脚这类含义广为人知的动作外，哪怕是一些不为人注意的很是细微的动作，例如飞速眨眼和轻轻皱眉，也属于肢体语言。在我们自己没有意识到的时候，我们已经以肢体活动表达情绪了，辩识别人的肢体动作也可以知道他们的心境。

　　当人情绪不安时，会有很丰富的肢体语言，例如，头歪在一边，用手托住头，这代表有疑问，因不了解而轻微不安；而双手托腮，抚摸自己的头发，这代表因不安而需要抚慰；当人看到喜欢的人时，会扬起眉毛，嘴唇微启，并且站得挺拔，还会整理着装，以此来吸引对方的注意力。而不同性别也有些不同。对女性来说，看到心仪的对象时，她们会把头发理顺，或者拨向一边，来掩饰自己的欣喜和害羞之情。当男性抚摸自己下巴时，如果是时不时地摸一下，说明他在紧张，如果是手总托着下巴，则表明他在思考问题。

除此之外，人身体的各个部位都会有不同的肢体语言，如果我们在实际的交往过程中能够多多留心对方所表现出来的肢体信息，这会让你更能懂对方的"心"，了解对方的需求，让你们的关系更进一步。

表情会伪装，如何辨别真假表情

著名作家埃尔伯特·哈伯德曾说过：人的面孔是上帝的杰作，眼睛是灵魂的窗户，鼻子表现出意志……但在这一切之上而又隐藏于这一切之后的，是我们称之为"表情"的某种瞬间。的确，人的表情含义丰富，在很多情况下都能反映出人的真实心理。比如说，在得知令人惊讶的事时，人会睁大眼睛、张开嘴巴；遇到自以为是的人吹牛皮时，会斜着看他一眼，而后把头偏向另一边，或者是撇嘴一笑；人在生气的时候，必定是面部紧绷、嘴唇紧闭。

一般情况下，神色、表情是人的心灵密码，但在现实生活里，因为社会准则、风俗、礼仪等众多特殊因素的存在，人并不能随时随地展露自己的真实情绪；而有些时候为了展示风度、维护利益，人甚至会做出与真实心理相悖的表情。如此一来，就出现了"面是心非""面和心不合"等伪装情绪的情况。《红楼梦》里的凤姐便是做假表情的高手，被人形容为"明里一盆火，暗里一把刀"。

　　如果我们被他人的假表情骗了过去，显然对我们是不利的：交际场合，察觉不出朋友隐藏的不悦，继续之前的话题，可能会使朋友心生芥蒂；生意场上，被竞争对手伪装出的胸有成竹骗过，会降低自己的信心……交际的关键之一，就在于看透他人的"社交面具"，获知他人的真实情绪，从而随机应变、调整策略，最后收到良好的交际效果。

　　如何分辨真假表情？这就要从他人做出表情的时间长短、自然度进行分析。人在做出真实表情时，情绪的波动引发面部肌肉的运动，自然而然就能在瞬间做出微笑等表情；而要伪装情绪的话，一般都是在心里告诉自己应该怎样做，做出表情的时间就比较长，表情也比较僵硬。拿演员来说，我们评论谁演技好，就说明他伪装表情的能力特别好，扮演的表情和真实表情几乎一样。

　　另外，当人情绪饱满时，随之出现的表情就比较生动、神态变化幅度也比较大。最典型的例子就是，人越高兴，嘴角上扬的弧度越大，甚至会咧开嘴大笑；当人真笑时，会嘴角上扬、眼睛眯起来；假笑时，只有嘴角会僵硬地向上提，眼部肌肉没有收缩，就是所谓的"笑意未达眼底"。

　　在现代心理学的定义里，表情是由躯体神经系统支配的骨骼肌运动，是情绪的外部表现。但辨析来说，真假表情都是由神经支配造成的，真表情才是情绪的体现。总之，有情绪就会有表情出现，但出现的表情不一定就代表人的真实情绪。要想准确、快速分辨真假，除了掌握技巧之外，还要多观察、多练习。

12

笑有多种，笑意不同

研究证明，自古至今，"笑"都是人类与他人交流的最普遍的方式之一。从"笑"里，我们可以识别出很多情绪。

一个人笑得前仰后合，捧着肚子，这是开心的表现。这种人多是心胸开阔的，才能对自己的形象不是很在意。微微露出笑容的人，说明他心情尚可，为表示礼貌，才对旁边的人微笑，这类人心思比较缜密，比较在意自己的形象。一个看起来有些木讷的人若是笑了，而且笑得一发而不可收，或者是放声狂笑，直到连站都站不稳了，说明他被戳中了笑点，心情十分愉悦，好心情会持续很久。这类人比较适合做朋友，或许他们对陌生人会比较冷淡，一旦熟了，就会既热情又亲切，甚至能够为朋友做出牺牲。

有时候，一群人围在一起，有的人很快就笑了，而有类人，要等到大家都笑起来了，才会跟着露出笑容，这种笑无疑是比较勉强的，是为了让自己融入周围环境，所以，最好不要在这时硬拉着这类人说话，很容易陷入尴尬的境地。有的人笑的时候，会迅速用双手遮住嘴巴，这种笑是害羞的笑，与这种人交流时，注意不要太奔放，含蓄一些他们才会接受。有的人笑的时候十分夸张，朗声大笑，持续不断，这种笑容里就带了表演成分，跟这类人相处，要多附和他们的意见，满足他们的表演欲。

笑起来断断续续，隔一会儿笑几声的人，这类笑可能就带有讽刺、嘲笑的意味，表达出不友好的意思，他们的性格大多比较冷淡。会笑出眼泪的人，这类笑容十足真诚，这类人的感情多是相当丰富的，容易被他人打动，富有同情心。笑声尖锐刺耳的人，带有示威的意思，这类人往往自视甚高。

　　人生来就会笑，很久以来，我们总是喜欢把笑和幽默联系在一起。而事实上，笑和幽默并没有直接的关系。我们会笑，却很少有人明白它的作用。我们听见过很多笑声，但很少有人能听懂笑声中的信息。从上文我们可以知道，笑里面包含很多情绪，读懂这些情绪，会增强你的生存能力，提高你的社交情商。

第四章

自己的情绪自己做主，管住情绪不失控

掌控情绪的人，才能把握未来

伟大的英国政治家约翰·米尔顿说：一个人如果能够控制自己的激情、欲望和恐惧，那他就胜过国王。因此，只有能控制自己情绪的人，才能做到把握自己的将来。

在生活中，我们必须要做到控制自己的情绪，当一个人情绪失控时，容易气急败坏，口出狂言，变得粗鄙低下，没有人会乐于和这样的人打交道。而善于掌控情绪的人，无论什么时候都是一副胸有成竹的样子，他的乐观积极会使别人非常看重他，乐于和他交往。

当不好的情绪来临时，要适当转移宣泄。心理学家主张不要过分压抑自己的情绪，所以控制情绪不等同于压抑情绪，而且不良情绪长期郁积在心中的话，会有损人的身体健康。当我们碰到棘手的问题时，必须先冷静下来，切忌冲动行事，也绝对不能因逞一时口舌之快，或显一时之勇，做出让自己追悔莫及的蠢事。

一个聪明人，一定是一个能控制住自己情绪的人，他懂得在适合的情

况下，说出合适的俏皮话，也会在某些特殊情况下，及时打住一句想说但又不该说的话。人不可能永远处于好情绪之中，生活为我们设置了挫折和烦恼，就会有消极的情绪产生。一个心理成熟的人，不是没有消极情绪，而是善于调节和控制自己的情绪。

当负面情绪来袭时，我们应该用自己的理性克制情感上的冲动；当在生活中遇到挫折与苦难时，要换个角度思考问题，告诉自己福祸相依的道理。任何社交场合，都要保证情绪的稳定，之后自己在私下里以恰当的方式发泄出自己的不愉快，比如说运动。

一个人如果没有对情绪的自控能力，不够冷静和理智，他的负面情绪就会如开闸洪水，让自己的生活变得一团糟，或者做下让自己悔恨终身的事情。有一天，一位太太发现自己钱包里少了100块钱，便质问丈夫是否是他拿了，丈夫辩解了半天也无济于事，两人愤愤地睡觉去了。第二天，保姆告诉主人，她给孩子洗衣服时发现她口袋里有张百元钞票，丈夫怒气冲冲地甩了女儿一巴掌。就是这记带着怒火的巴掌，让女儿的右耳永远地失去了听力。事后，丈夫追悔莫及，可再也无法补救了。

人无法掌控天气，但可以掌控自己的情绪，进而影响别人的情绪，迅速掌握局势，做生活的赢者。

02

制作情绪"晴雨表"，安然度过情绪周期

如果你是个喜欢细心观察的人，就不难发现生活中类似的情况：每隔一段时间自己的心情会毫无缘由地陷入低谷，不愿跟人说话，容易发脾气。过两三天，你的情绪又恢复正常，生活仍旧继续。但是过一段时间，你再次陷入低潮。这种情绪的起伏反反复复，可见情绪也是具有周期性的。

情绪的周期性反映在我们的心态上就如同天气一样，时而阳光普照，时而阴云密布，时而和风细雨，时而狂风暴虐。为了更好地了解和管理自己的情绪，我们可以制作一张像天气预报一样的情绪"晴雨表"。按照日期来记录自己情绪上的起伏变化，达到认识、了解并调节自己情绪的目的。更为重要的是，掌握了情绪的"晴雨表"可以更好地利用情绪，有效地控制负面情绪，在生活、工作和学习中发挥积极作用。当处在情绪高潮期时，就充分利用饱满的情绪和良好的心态，在学习和工作中取得更好的效果；当介于低潮的临界点和处于低潮期时，就要有意识地控制自己的情绪，让这场周期性的"情绪危机"平缓度过。

日常生活中我们也应该掌握一些小窍门，来调节这段情绪周期中的特殊时期，成为自己情绪的主人：

第一，正确认识情绪周期性，把这视为一种正常现象。情绪低潮期是心理上的正常反应，并不会对生活、工作或学习造成过多的不良影响，在正确认识的同时也不必过度担心。

第二，情绪低潮期来临时，要加强积极的心理暗示，有意识地避开会触碰自己敏感神经的导火索。

第三，不要刻意压抑负面情绪，学会宣泄，但要掌握正确得当的方法。大喊、哭泣、倾诉、听歌、唱歌等，都是很好的减压方式。应该从众多的方式中选择最适合自己的，并恰当运用到生活中。

第四，发挥主观能动性，从理性角度出发克服不良情绪。不仅要客观理性地认识到情绪的周期性，同时要加强自我调节能力。

第五，平时多留意自己情绪的周期性变化，甚至可以专门制作和记录一张专属于自己的情绪"晴雨表"。

03

坦然面对情绪，情绪就不再可怕

诺贝尔文学奖得主赫曼·赫塞曾说：痛苦让你觉得苦恼的，只是因为你惧怕它、责怪它；痛苦会紧追你不舍，是因为你想逃离它。所以，你不可逃避，不可责怪，不可惧怕。你自己知道，在心的深处完全知道——世界上只有一个魔术、一种力量和一个幸福，就叫作爱。因此去爱痛苦吧！不要违逆痛苦，不要逃避痛苦，去品尝痛苦深处的甜美吧。痛苦也是一种情绪，既然解除痛苦最好的方式是坦然面对，那么面对所有人本能的情绪我们都是没有理由去逃避的，所以生活中对于情绪，坦然面对才是最好的解决方式。

羡慕、嫉妒、愤恨、恼怒、贪婪、开心、恐惧、悲伤、兴奋等这样的情绪每个人都会有。情绪是人表达对外事物或事情反应的一种本能，情绪本身并没有什么好坏之分，每种情绪在每个人身上都会给每个人的生活增添不同色彩，情绪的适度发挥当然会使生活更加精彩，但如果情绪发挥过度就会造成不可想象的后果，所以面对情绪我们要做的不是想办法消除情绪，而是要坦然面对这些情绪，正确地认识情绪并给它们定一个适度的空间，让一切情绪都施展有度。

作为一个心理健康的人是不否定自己的情绪存在的，而会尽力正视自己的情绪，并坦然面对自己的情绪。比如：我们不必因为自己害怕某种东西而感到羞耻，我们要敢于正视自己的恐惧，要知道每个人都有害怕的东西，只是不同而已。我们也不必因为内心徒生的一丝嫉妒而不安，每个人都希望自己会比别人更好，在面对一些比你运气好、比你更完美的人时，心生一丝的嫉妒也是正常的，这恰恰说明平时的你是自信的，因为自卑的人面对这些大多只会是无比羡慕而没有勇气嫉妒。同样对触怒你的人生气，因身处异地而思乡难过，这些都是人之常情，不必因为这些而怀疑自己的情绪。

当我们坦然地接受和认识这些情绪时，一切都会大不一样。曾经见过这样一位艺术家，他很出色，可是每次要上台表演时他总是紧张到头痛、出汗。一次，他实在感觉有点严重就去了医院求医生帮忙，医生听了他的叙述说："你这是过度紧张造成的，我这儿刚好有一种新药，保证注射之后立马起效。"然后医生就给他注射了一小玻璃瓶的液体，并一再向他保证会立刻见效，之后艺术家就开心地去演出了。随后演出非常成功，他便来向医生道谢，医生笑着说："哪有什么特效药，这全靠你自己的努力，我只是给你注射了一点蒸馏水而已。"艺术家听了不禁哈哈大笑："原来自己曾经那么不了解自己的情绪。"

其实，情绪完全操之自我，坦然面对自己的情绪，它才会在生活中发

挥有度。情绪是中性的，也是正常生活中不可缺失的一部分，只有正视它
并坦然面对它，才不会使它朝着坏的方向发展。

调节情绪不可缺乏仪式感

大多数人调节情绪时，就是在心里跟自己说一会儿话，或者在纸上写
下自己应该怎样不应该怎样，或者是对着镜子鼓励自己，摆出自信的样子，
再喊几声"加油"等。这些方法都比较随意，简单易行，但收到的效果也
差强人意，没有想象中那么好。究其原因，是因为我们在调节情绪时太过
缺乏仪式感。

不要小看仪式感的作用，它会让我们变得庄重、认真起来，对某些特
殊的时刻印象深刻。就拿婚礼来说，几乎没有一个女人不想要一场隆重的
婚礼，每年都有很多新婚夫妇，在宣读婚礼誓词时流下了激动的热泪，不
明白的人会嘲笑他们：不就是个仪式吗，走走过场就行了，干吗那么认真。
只有当事人明白，这一场仪式之后，自己将发生多大的改变：从一个恣意
妄为的小丫头变成一个人的妻子，或是从一个年少轻狂的小伙子变成一个
需要承担责任的丈夫。很多年之后，白发苍苍的老人还会记得那一场隆重
的婚礼，这就是仪式感的魅力。

仪式感能让我们简单平凡的生活变得庄重而有意义。大多数人的生活
都太过粗糙和鄙陋，常常遗忘生活里有那么多令人惊喜的元素。人们每天
都重复着上一天的生活，觉得昨天和今天、今天和明天似乎都差别不大，

长久下去，就会丧失对生活的热爱，整个人也变得了无生趣，枯燥无味。

在进行情绪调节时，我们需要制造出一些仪式感。当你心情低落时，就告诉自己，我和自己有个约会，我需要美美地出门。而后，你放下所有的思虑和担忧，洗一个热水澡，画上漂亮的妆，自己去看场电影，或者逛逛街买买东西。和自己约完会后，你的心情就会变好，觉得自己不再被琐事扰乱心绪，这就是仪式感赋予你的东西。

仪式感是一种形式，在调节情绪时，我们尽可以把心中的悲伤、难过等负面情绪都表达出来，扒开覆盖你心灵的沙土，变得敏锐而有激情。制造仪式感的方法有很多，一束漂亮的花，一顿浪漫的烛光晚餐，一首含有深意的曲子等，都能让自己的心情焕然一新。让仪式感解救你无趣的生活，或繁或简的仪式都会让你觉得人生有了新的开端，调节情绪之后，生活就进入了新的阶段，你的情绪也进入了新的状态。

学学阿 Q 精神，给自己一点轻松快乐

人生本就不可能完美无瑕，何必纠结于自己达不到的完美，这岂不是自寻烦恼？总想着自己比别人好，可是"山外有山，人外有人"，比你好的人大有人在，你不可能成为世界第一，也没必要对人生奢求太多，人生苦短，一味执着于追求却永远得不到满足造成苦恼，还不如放下一切，学学阿 Q 精神，给自己一丝轻松快乐的感受。

所谓不快乐就是因为心灵得不到满足而产生的不平衡之感。心态失衡

的危害是很严重的，不但会造成人心理上的病变，还可能带来身体上的疾病，严重者甚至会影响到人们正常的生活。所以说找回心理平衡是相当重要的。那么如何找回心态平衡呢？美国心理学家曾总结心态不平衡完全是由于人们总爱与人攀比，斤斤计较而使自己处于紧张状态。所以要找回心态平衡首先就要学会不斤斤计较。

中国文学作品中有一位经典的人物形象：阿Q，他有一套"独门"的"精神胜利法"，他在没有能力打败别人，在受欺负没有能力回击时，就会在心里骂骂别人，在心里自我安慰，比不过强大的人就和比自己弱小的人作比。虽说阿Q精神是一种自我麻痹、自我安慰、自我解脱的消极精神，可是在生活中适时运用阿Q精神，在一些事情上不那么斤斤计较，适当退步，在非原则问题方面不过分坚持，就可以极大程度地减少自己的烦恼。

其次，就是要学会量力而行。每个人都应该有属于自己的理想和追求，别人不一定适合自己，一味和比自己强的人作比，把目标和抱负定得太高，而自己根本做不到，反而会让自己忧愁烦恼，实在是不值得，这种近乎苛刻地要求自己十全十美，实属心理不平衡而造成的心态扭曲。所以要懂得巧用阿Q的精神，避免自己的挫败感，懂得把目标定在自己的能力范围之内，自己欣赏自己的成就，自然就少了许多的不愉快。

最后，要懂得知足。例如阿Q即使一无所有，他也从不让自己感觉到自己不行，从不给自己自卑的机会，他十分懂得知足。不懂知足的人永远不会快乐，因为不管你有多大成就，不管你有多少财富，你永远会觉得自己还是少了一些，又渴望更多，这样永无止境的欲望只会换来永无止境的烦恼。

每个人都要学会做自己的心理医生，阿Q从某种意义上说就是自己最好的心理医生。适当学习阿Q精神并不是什么坏事，那是让你保持心态平衡的良药。

06

白日梦也能带来好情绪

在孩童时代，我们大多数人都有过上课神游的经历，当你的思绪无际无边，正幻想自己在云端飞翔时，老师大声叫道："××，做白日梦呢？醒醒，快看黑板！"被打断美梦的人马上装模作样地眼睛盯着黑板，心里还对自己没做完的白日梦留有一些遗憾。后来，我们长大了，成熟了，繁忙的工作、生活的重担迫使人马不停蹄地奔波，一天的工作结束后，简单洗漱一下就睡着了。匆忙的生活节奏，儿童心理的消逝，心境不再，我们再也不会尽情地做白日梦了。

然而，近些年来，经研究表明，做白日梦有很多益处。做白日梦有益于让我们紧绷的神经松弛下来，能减轻心理压力，稳定情绪。美国十项全能选手吉姆·索普就有做白日梦的习惯，每次比赛前，他都会闭目静坐，幻想自己战胜了所有对手，大获全胜。结果，他总能在比赛中发挥出自己的最佳水平。他个人解释道，每次做完白日梦，他都觉得神清气爽，心情很好，就能够自信地、从容地迎接比赛了。

科学家认为，反复地在脑海中幻想一件事，能使幻想进入下意识，直到人的行为向目标前进。而做白日梦，就是以幻想的形式将想要达到的目标在脑海里重复播放，十分契合科学家的观点。

有人认为做白日梦是沉迷于想象的表现，让人浪费精力，还耗费时间。但做白日梦其实是一种创造性想象，你在白日梦里幻想出来的场景，正是你向往和祈求的事物。你在梦里得到了它们，睁开眼自然是心情愉悦，神采奕奕。而且做白日梦是一件很简单的事情，只要在生活的空隙里，挤出10到20分钟的时间，营造一个美好的场景，便可放松自己的心情。通过做白日梦，你也可以听到自己心里的声音，明白自己到底想要什么。

07

停止抱怨，行动带来改变

抱怨是一种有害的情绪，也是人们最容易产生的情绪。抱怨为什么有害，是因为抱怨会让人产生消极的情绪，让人戴上有色眼镜看世界；抱怨会磨灭人的斗志，磨损人的动力。倾向于抱怨的人，总会否认人存在的主观能动性，否认外界存在的有利因素，只在那里喋喋不休地抱怨。如果不想成为这种人，就行动起来吧，通过自我改造来适应世界，改造环境使之变得美好。

如果你想抱怨，那么，生活中的一切都能够成为你抱怨的对象；如果你不抱怨，生活中的一切就都会变得美好。一味地抱怨不但于事无补，反而还会使事情变得更糟。

遇到问题时，一味地抱怨会降低自己的士气，不如行动起来，使问题得到圆满解决。伊珊是一位爱美女性，但因为自己比较肥胖，很多新潮漂亮的衣服都穿不了，她因此向好友抱怨，说上天不公，有些人怎么吃都不胖；说自己喜欢一款新裙子，可腰太粗穿不下……好友一针见血："亲爱的，只要减肥成功，这些问题都会被解决。"好友监督伊珊办了健身卡，总提醒她锻炼、合理饮食，三个月后，伊珊的身材好了很多，因此感谢好友，没有她，自己不可能行之有效地行动起来。

成功人士大都有迅速的行动力，遇到问题就去商讨办法，拿出实际行动，他们的敢想敢做，让他们充分发挥了主观能动性，促使自己的理想变成了现实。其实，一切抱怨都是毫无意义的，只有立刻付出行动，抓住现在，问题才会有解决的可能性。在原地抱怨，问题不会自己消失，行动才是解决问题的必由之路。

停止你的抱怨吧，世界并不是为你自己设计的，每个人都有不如意的地方。只有行动起来，才能克服困难，超越障碍，走出一条成功的路。

打开心扉，慢慢克服社交恐惧

有些人生性胆小，或者是因有什么缺点而自卑，他们不会主动和人接触，比较内向，久而久之，就关闭了心扉，慢慢成了所谓的"宅男"和"宅女"。这样做对人际关系的建立有着极大的危害，也会对人的日常生活造成消极的影响，甚至会影响人的心理健康。所以，有"宅"属性的人不能对此掉以轻心，要试着慢慢改变，逐渐打开心扉，去享受与人交往、敞开心扉的乐趣。

一般来说，紧闭心扉的人大都有不同程度的社交恐惧症，究其原因，是对自己没有自信，才害怕接触别人。因此，敞开心扉的第一步，应该从建立自信开始。哪怕是一片再普通不过的树叶，都会有与众不同的纹路，自己仔细想想，再问问家人朋友，每个人都能找到自己的优点！将自己的优点发挥出来，再摆正自己的心态，坚信天生我材必有用，努力去做一些事，自信慢慢就有了。

有人说，我知道自己擅长什么，也很相信自己，但就是不敢多接触别人，也害怕在公众场合出丑。的确，有社交恐惧症的人想要马上改过来是不可能的，那么，敞开心扉的第二步，就是制订与人交往的计划，按计划一步步实施。比如说，第一星期，要求自己每天都和一个认识的人说话；第二星期，去和陌生人说话，并交到一个以上的朋友；第三星期，每天和朋友们交流三个小时……就这样，随着时间的推移，结交新朋友、与人深入交流、外出聚会，直到在公众场合说话也不紧张，社交恐惧症就被完全克服了。

在敞开心扉的过程中，可能会遇到一些困难，这时千万不能停止前进，否则就会前功尽弃。遭遇问题时，可以试试以下小技巧：深呼吸放松法。在公众场合感觉紧张、烦躁时，可以缓慢地做几次深呼吸，在心里默念放松；想象放松法。想象自己在广阔的草原，或者辽阔的海边等，用美景抚慰自己；记忆回溯法。想想自己已经做到了的社交成就，就会觉得眼前的社交场景也不是挑战了。

关闭心扉，外界的万千美好便被拒之门外，走出自闭，外面便是碧海蓝天。建立自信，战胜恐惧，敞开心扉，心情会越来越放松，领略到外界的旖旎风光。

09

情绪低落时，不妨装出好心情

当你情绪低落时，不妨假装自己的心情很好，这并不是让你进行自我欺骗，而是一个十分有效的改善情绪的良方。我们的心就如同一个容器，当它被坏情绪占领时，好心情便无容身之处，而好心情被我们灌入容器时，坏情绪就会逃之夭夭。

以前有很多人认为人的反应是情绪引发的，证据是人恐惧时会瑟瑟发抖、高兴时会哈哈大笑等。但研究证明，这个观点不是完全正确的，因为人会越发抖越恐惧、越笑越开心。所以，有人提出人的行为会影响自己情绪的观点。关于这一观点，比较常见的例子是影视作品里演员们的表现，很多演员说过，自己要演哪种情绪，就会先装出那种情绪该有的样子，而后就会慢慢进入那种情绪。比如一个人装出高兴的样子，就会因为这个角色扮演而陷入这种情绪，变得心跳加速、心情愉悦。

好心情是可以"装"出来的。心理学家艾克曼曾进行过实验，让实验者故作愤怒，结果由于行动的影响，实验者的心率和体温真的上升了。实验表明，我们可以通过"心临其境"的方法，想象自己进入了一个轻松愉悦的情境，感受开心的情绪，那么就会真的感受到开心这种情绪的到来。

在消沉时，唉声叹气只会让人更加郁郁寡欢，假装开心则可以让人走出情绪低谷。一天，生活上的琐事让雷蒙心烦意乱，一般这种情况下他都选择自己独处，不见别人，自己慢慢调节情绪。但这天，有一个重要客户突然打电话来约他见面，商洽合作事宜，这个合作对雷蒙来说非常重要，他想自己一定要装出开心的样子，让客户满意。他笑容满面地和客户打招呼，用轻松的口吻商谈合作，客户也与他谈笑风生。雷蒙觉得十分惊奇，因为他发现自己渐渐不再郁闷了，心情真的既轻松又愉悦。最后，他谈成了这笔生意，并打算以后遇到了困境，也要装作乐观的样子。

人的情绪是可以由行为引发的，这不仅是个心理学原理，还有生理原因做依据。的确，刚开始装作心情很好时，人是在假笑，但假笑也能触动体内的变化，人体内的横膈膜会将假笑引发成真笑，使人笑出声来。不信的话，可以对着镜子试试看，对着镜子假笑几分钟，心情就会好很多。

好的心情会使人容光焕发，精神十足，对人的身心都大有裨益。所以，有什么烦恼时，可以闭上眼睛，想那些令人高兴的事，嘴角上扬，做出笑的表情，就可以让自己积极起来，为自己带来一份好心情。

问题简单化，更有利于化解情绪困境

生活中面对同样的问题有两种解决模式，其一是将问题简单化，其二是将问题复杂化。其实很多事情的难易程度在于你的思维模式，你把它想得简单，它就简单；你把它想得复杂，它就复杂。生活中很多人习惯将事情复杂化，这样一来不仅不能高效率地解决问题，反而会增加自己的心理压力。如果换个角度，把问题想得简单一些，反而可以获得心理上的轻松感，轻装上阵更容易获得成功。

把复杂的问题简单化是一种逆向思维，不仅是一种创新能力，也是一种人生智慧。

第一，把问题简单化，能帮助你战胜内心的恐惧。

有一个人从孩提时期每天晚上都在惊恐中度过，他总是害怕晚上他入睡后有人在他床底下。每天晚上上床睡觉时，只要想到可能有人会在他的床底下，他就很害怕，甚至有些抓狂。他去看了好几个颇有声望的心理医生，都没有解决这个困扰。结果一位在酒吧工作的服务员却轻而易举地解决了他的害怕。这个方法其实非常简单，那就是砍掉床的四个腿，床没了腿，就不会有人在床下面了。

第二，把问题简单化，更高效地解决问题。

20世纪60年代初，某大学的一个研究室需要弄清楚一台进口机器的内部结构，却没有任何与机器相关的图纸可以查阅。这台机器由一百多根弯管组成，要弄清楚其中每一根弯管所对应的出入口真的非常困难。大家纷纷集思广益，但想出来的办法都很麻烦费事，而且要付出不少时间、花不少钱。最后，学校的一位老校工提议，只要几支香烟和两支粉笔就可以解决问题。具体做法是：点燃香烟，大大吸一口，将烟往管子里喷并在弯管的入口处标上"1"。这时只要让另一个人在管子另一头看烟从哪一根管子里冒出来并标上"1"就行了。短短两个小时的时间，这个困扰大家数日的难题就被轻松解决了。

第三，把问题简单化，更容易把握成功的契机。

一家公司招聘部门主管，过关斩将，最后一只"拦路虎"却让大家出乎意料："5-1=？"面对这道简单得过分的题目，所有应聘者都绞尽脑汁，答案也五花八门。最后所有的应聘者中只有一个人说："答案就是等于4啊。"让大家意外的是，最终被录取的正是这个说出最简单、最直接答案的应聘者。原来公司出这道题目的目的就是考核大家面对困难时解决问题的方式。

通常情况下，那些喜欢把问题复杂化的人，办事效率也高不到哪里去。

可见，所谓的"简单思维"并非一种低级的思维方式，而是一种创新性的思维方式。当人们面对问题、处理问题时，只有具备化繁为简的能力才能过五关、斩六将，顺利通关。

情绪爆发前，为情绪降降温

美国著名思想家爱默生曾说过：凡是有良好教养的人都有一禁诫：勿发脾气。这句话表明不发脾气是修养良好人士的特征之一。人们都向往做一个高素质的人，谁也不想情绪失控，不想让自己像炸弹一样爆发，一冲动起来，修养什么的都抛之脑后了。其实想控制将要失控的情绪并不难，只要注意在情绪即将爆发的临界点，给自己情绪降降温，火气一降下来，理智就回来了。

控制自己的愤怒情绪可以从掌握一些技巧开始。伊桑是一个脾气很坏的人，他经营着一家蛋糕屋。他的蛋糕十分美味，而且造型独特，富有新意，曾被很多美食杂志刊登过。尽管如此，买他的蛋糕的人却不多，因为他脾气实在是太爆了，一点就着，经常因为小事就面红耳赤地与人争执。

渐渐地，他的家人也受不了了，都不愿意和他沟通，而他的身体也因此而每况愈下。万般无奈之下，他去看了心理医生，他说他也讨厌这样的自己，自己勃然大怒后，总会感到后悔，但没什么用，一遇到不顺心的事他的情绪就要爆发。心理医生要求他学着控制愤怒，要他尝试在爆发前从一数到十。他照做了，并且越来越能控制自己，最后不用数数就可以做到心平气和地面对问题，他开始拥有了美好的新生活。

伊桑之所以能做到控制情绪，是因为他用数数的方法给自己的情绪降温了，就在这数数的短暂时间里，他将要爆发的情绪被缓解了，理性最终战胜了冲动。哈佛大学医学院教授哈罗德·布尔兹坦恩也曾说过，一旦发现自己怒不可遏时，请深呼吸，在心里从一默念到十，然后再说话。

控制愤怒的技巧有很多，除了数数和深呼吸，还有转移注意力、快速思考愤怒的后果等。总之，要在愤怒爆发之前，做点别的事情，拖延一下时间。积累的怒气值到达了临界点，若是任其发展，毫无疑问，就会让怒气爆发；稍微让它暂停一下，大脑就会夺回对情绪的控制权，随着情绪的逐渐降温，就不会爆发了。

美国政治家富兰克林说：愤怒一旦与愚蠢携手并进，后悔就会接踵而来。为了避免情绪爆发的不良后果，我们必须学会控制情绪，而控制情绪也是保持心灵健康的必备法宝。要想让幸福在自己身边围绕，就要练习给情绪降温的小技巧，这样便能避免很多事端，用平和安宁的心境去创造幸福。

12

别执着于烦恼，换个角度看生活

法国作家拉伯雷说：生活是一面镜子，你对它笑，它就对你笑；你对它哭，它就对你哭。生活是自己的，烦恼或是快乐是由自己决定的。无论心情如何这一天都会过去，继而迎来新的一天，何不让自己快乐着呢？有时候执着于生活中的烦恼只会让自己更痛苦，尝试着换个角度去看或许看到的就是快乐。

上帝给每件事情都设定了两面：一面阴暗，一面光明，就像这世间的白天与黑夜。"横看成岭侧成峰"，无论哪个角度在不同人眼里都有美好的一面，"塞翁失马焉知非福"，痛苦与快乐总是相伴而生的，当你生活在烦恼之中而不能自拔时那就换个角度看看吧，或许自己的烦恼是别人所渴望的幸福呢，这样就变得快乐了，不是吗？

"你站在桥上看风景，看风景的人在楼上看你。明月装饰了你的窗子，你装饰了别人的梦"。不要沉浸于自己的苦恼之中，想想自己拥有的幸福吧，这个世界没有什么是绝对的，没有绝对的痛苦，没有绝对的烦恼，有的是不会换个角度看生活而执着于自己的痛苦而不愿走开的人，那是自己对自己的偏见，是自己强加给自己的不快乐，如果自己不能走出自己的执着换个角度去观察和思考生活，就没人能够给你快乐。卸下所有的痛苦吧，换个角度看看不一样的人生。

13

赞美自己，爱自己的人最快乐

对于每个人来说，能让自己快乐是一种能力。生活中我们常常会为自己的不完美而苦恼不堪，很多时候我们都走在追求完美的路上。我们无奈于生活中如此多的烦恼、不公，这种情绪往往会成为我们抱怨生活的源头，如何才能让自己爱上自己，每天都给自己一个好心情呢？那就每天把夸奖的话送给自己吧。

斯迈利布兰顿博士写过一本书名为《爱与死亡》，他在书中曾说过："每个健康的人都有一定程度的自恋。这是正常的。自恋是完成工作和取得成功所应具备的不可缺少的因素。"布兰顿博士说得很对，健康的人是需要自我肯定的，不一定必须从别人那里获得那些美丽的话语，自己也可以每天把夸奖的话送给自己。当自己完成了一件了不起的任务时，给自己说："你真的很棒！"当我们做了一顿可口的饭抑或是帮助了别人的时候都可以给自己一点奖励。这当然不是在倡导骄傲，而是必要的心理疏导。把夸奖的话当作礼物送给自己为的是让自己爱上自己，时时刻刻给自己自信，时时刻刻让自己保持一份愉悦的好心情。

爱自己才是让自己远离烦恼的最好办法，能让自己陷入苦恼而不能解脱的只有自己，所有的不快乐都是自己对自己的厌恶。看过一篇文章介绍说：美国医院有一半以上的病床上躺着的是精神科病人，这里面有很多人对自己有着很严重的厌弃感，他们由于这种厌弃长期使自己沉浸在压抑、痛苦之中，他们忍受着精神上的折磨，在他们心里自己就是"上帝的弃儿"，他们抑郁不堪，甚至有很多人曾经想不开尝试过自杀。他们活在自己的厌恶和别人的目光中，从没有认真地审视过自己的优点，他们从不懂得自我欣赏。如果有一天他们能够学会将赞美的话当作礼物送给自己，认真审视自己灵魂深处的美好，或许结果会不一样。

把夸奖的话当作礼物送给自己。不要害怕没人欣赏你的美丽，自己懂就够了，人是为自己而活的。每个人都不应该为在别人眼中不完美的自己而闷闷不乐，别人眼中的自己是对自己的过度批判，真实的自己是独一无二的，忘记那些不快乐的事，懂得欣赏自己，抛开自卑的情绪给自己最好的赞美，要知道快乐才是这个世界上难得的幸福。

14

坏事发生时，保持"空杯心态"

坏事发生时，很多人会心情沮丧，悲观伤感，一个劲儿地想接下来会有什么后果，对自己会有什么不良的影响，该怎么解决这个问题等，然后就会越想越烦躁，越思考越悲观，不复平时的理智态度，为自己徒添许多烦恼。心理学家给出建议，坏事发生时，不妨采取"空杯"应对法。

"空杯"应对法，指的是人应该保持"空杯心态"去面对问题。古时候有一个佛学造诣很深的人，他听说附近的寺庙里有位德高望重的老禅师，便动身去拜访，想要请教一番。初到寺庙时，他态度极为傲慢，老禅师依然恭敬地接待了他，并为他沏茶。可在倒水时，杯子明明已经装满了水，可是老禅师依然倒着。他不解地问："大师，为什么杯子已经满了，还要往里倒？"大师说："是啊，既然已满了，干吗还倒呢？"禅师的意思是："既然你已经是一个佛学造诣很深的人了，为何还要来请教于我？"来者急忙叩谢悔过。

"空杯心态"由此而来，表面含义是装满水的杯子是无法容纳新东西的，只有倒光水，才能注入新的水；深层含义是只有将自己的心腾空，才能容纳新的事物。发生坏事时，若心里全被坏事所占据，怎能做到理智面对？把自己的心想象成"一个空着的杯子"，清空垃圾，准备好放入新的东西，才能轻松上阵。

"空杯"应对法要求我们将已发生的坏事放下，清除心灵的污染，去面对新的生活。这并不是说要否定已成过去时的事情，而是要怀着放空的心态前行，不要对过去耿耿于怀，这样才可以让自己理智面对崭新的生活，对新的问题及时解决，保证在前行道路上，不受羁绊。

发现怒气的信号

当我们与别人发生摩擦时，遭遇不公平对待时，或者遇到其他麻烦时，很多人都会控制不了自己的情绪，变得怒气冲冲，与别人大声争吵或者做出一些不理智行为。这难免会损害到我们自身的形象，也有很多人恢复理智后便追悔莫及：我怎么会这样？事情不发火也能解决的啊……愤怒的消极作用非常大，既会损害人的身体健康，让人产生高血压等疾病，还会降低人的交际能力，影响社交关系的建立。

因为一时愤怒而酿成错误的人数不胜数，在反思自己的行为后，这些人不断寻找克制怒气的办法，以保证自己不被怒气干扰。当然，最好的方法是修炼出如禅师那样博大、宽广、与人为善的胸怀，或者努力提高自己的情商，但想做到这些绝非易事，需要点点滴滴地积累，不会有什么立竿见影的效果。如果能对自己就要爆发的愤怒情绪敏感一些，及时察觉到自己愤怒的信号，就能事半功倍地化解愤怒。

如果能发现怒气的信号，稍微想一下发怒的不良后果，相信很多人都会及时调整自己。怒气的信号其实就是自己的反常表现和行为，比如，被气得说不出话来，心脏突突地跳，感觉全身血液往上涌，攥紧了拳头，指甲陷进手心里，瞪大了双眼，嘴抿得很紧等。这些愤怒的信号其实很明显，只是在气头上的人忽略了自己的异常，多加观察，就能发现。

在察觉到自己的怒气信号时，首先要做的就是采取措施，平息自己的怒火。在人们刚开始有怒气时，人的情绪和行为还是可控的，但如果不对其加以控制，轻微的怒气会慢慢积累、发酵，而后猛然爆发，使人情绪失控，出现冲突。

我们应该掌握一些小窍门，来控制愤怒的情绪：第一，主动回避。察觉自己生气后，暂时回避，调整心态。第二，转移注意力。先不要想让你生气的事情，做其他喜欢的事。第三，深呼吸。深吸一口气，可以把身体调整到平时状态。第四，自我预告。生气时要提醒自己，发怒的后果有多严重的影响，这样你就会尽力控制情绪。

西方一位哲学家曾说过说：愤怒以愚蠢开始，以后悔告终。可见愤怒的影响太过负面，因此很多名人的书房里都挂有写着"制怒"的条幅。我们要做的就是把"制怒"记在心里，让它成为我们的一种习惯，就不会因愤怒而犯错了。

敢于"幻想"，美好终会如期而至

古罗马哲学家西尼加曾说过：乐观主义者总是想象自己实现了目标的情景。的确，生活中有很多困境，如果我们一直因此沮丧，便很难走出，这时候就需要我们发挥主观能动性，用我们的"幻想能力"，帮助我们走出困境，用快乐的心情生活。

巴泽尔有一段时期非常不顺心，工作出现了一些问题，妻子提出了离婚，还要和他争夺孩子的抚养权。他便约朋友喝酒，想借酒浇愁。朋友看到他颓废的样子，就说你为什么不向好的方面想想，以后生活说不定会很美好。这使他茅塞顿开，向朋友表达了感激之情后，他就回到了家里。孩子已经香甜入睡，他想着自己可以陪伴孩子成长，每天都可以看到他甜甜地入睡，这让他感到安心。第二天，他亲自送孩子去学校，在路上和他说笑、聊天，还约定会来接他放学，孩子无比高兴。接着，他去公司重整旗鼓，全身心投入工作。他的生活变得简单了，除了工作以外的时间，就是在陪伴孩子，他觉得轻松快乐。一段时间后，因为孩子更喜欢爸爸，所以妻子放弃了抚养权的争夺，事业上的问题也都解决了。这一切使他更加感激生活。

"想象力比知识更为重要，知识是有限的，而想象力则包围着整个世界。"爱因斯坦如是说。的确，巧用想象力，多一些"幻想"，这能给我们带来源源不断的力量。毫无疑问，充分发挥自己的想象力，在自己幻想的时间段内，我们的心情会得到极大的改善，幻想之后，我们仍沉浸在对未来的美好期望中，这会激励我们努力奋斗，向幻想目标前进。而吸引法则的存在，也表明：只要你敢于幻想，你的愿望就会慢慢实现。

莎士比亚说过：明智的人绝不会坐下来为失败而哀号，他们一定乐观地寻找办法来加以挽救。在感到疲惫不堪、难以支撑的时候，不妨用幻想的方法使自己放松，感受快乐。同时，幻想有时也是我们前进道路上的加油站，照亮我们阴霾心情的皎洁明月。恰当的幻想会引导我们走向胜利，走向成功！

17

心怀希望，坚信方法总比问题多

著名女作家海伦·凯勒曾说过：虽然世界多苦难，但是苦难总是能战胜的。既然再大的苦难都会被我们战胜，那么在生活中、工作中遇到的问题又算什么？所以，不管以前是什么心态，以后都要牢记：方法总比问题多，任何问题都有解决的方法。

面对问题，不能太过焦虑，自乱阵脚，要用平常心看问题。没有什么情感比焦虑更令人苦恼，它不仅会拖延我们解决问题的速度，还会给我们的心理造成巨大的痛苦，焦虑已逐渐成为一个健康杀手。但放眼望去，焦虑的人大有人在，有人为升职焦虑，有人为买房焦虑，有人为教育问题焦虑……难怪有人会说，中国正在步入"焦虑时代"。要知道，人一旦焦虑起来，做事的速度就会迟缓很多，妨碍我们的日常生活，所以要有一颗平常心。范仲淹有曰："不以物喜，不以己悲。"不管遇到的是什么问题，平常心总可以打败焦虑，从而让我们理智处理问题。

翻阅历史，从古至今，人类经历了多少艰难困苦，解决了多少历史难题，才发展到今天这一步。这也告诉我们，有些问题不是一时就能解决的，但凭着人类的聪明才智，迟早都有被解决的那一天。而对常人来说，随着我们的不断学习，充实自我，过去不能解决的问题慢慢地都会找到解决之道，现在面临的问题以后也将不再是难题。

焦虑、担忧会让人的生活变得了无乐趣，乐观、积极的态度才能丰富人的内心。坚信任何问题都有解决的方法，不急不躁，就能抑制忧愁、烦恼等负面情绪，保持正常的生活频率，快乐生活。

正视内心的小孩，善待他

作家露易丝·海在《生命的重建》里写道："我们很多人的内心深处都住着一个迷茫孤独的小孩。长久以来我们与这个内心的小孩唯一的交流就是责骂与批评。事实上，我们不可能否定自己的这一部分依然保持着存在的和谐。心灵治愈的一个环节，就是把我们自身的各部分聚集起来，拼凑出一个完整的自己。"我们每个人内心都住着一个小孩，我们经常忽视他，或者因为他觉得别扭，随着我们的日渐成熟，是时候去了解他，正视他了。

每个人的心中都有一个内在小孩，一个曾经是你，但你却也许不再认识的小孩。无论你是否看到他、关注他，他都如影随形地跟着你、提醒你。他有时天真可爱，有时脆弱敏感，有时也会让你陷入情绪不能自持。

有人说内在小孩是我们的"真我"，而所谓"成为你自己"就是为他去除各种束缚，从而活出真实的自己；也有人说内在小孩就是我们内心那个受伤后没有长大的一部分自己，需要我们的关爱和支持才能真正长大。无论用什么理论解读，用何种言语表达，这个小孩都真实地存在于我们心里，不离不弃地等待着我们，去发现他而不是忽视他，去关照他而不是遗弃他。

　　所谓"恢复童心""重拾赤子之心"，并不是要摒弃一切知识和经验，变得无知、幼稚，而是能像儿童一样"无分别取舍之心"，没有分别取舍，没有无谓的牵挂，自然就无忧无虑。这个赤子之心，其实也就是你的本心；而你心中的小孩，也就是你的"真我"。他虽然不认识长大成人的你，但你依稀还记得他，而且还对他充满了怀念。

　　正视内心的小孩，重新试着以孩童的眼光看待成人世界，你将带着更加清醒、敏锐和真切的感受投入生活。

19

失去至亲的痛苦，需要时间来疗愈

　　人生原本就是苦乐参半的，每个人在一生当中都会遇到大大小小的痛苦，其中最大的痛苦莫过于生离死别。任何人失去至亲时都会陷入痛苦无法自拔，这种无影无形的痛苦会渗透到生活的方方面面，让你饱受折磨。

　　面对痛苦，尽管我们每个人的感受和应对方式不尽相同，但是只有一次走过以下五个阶段的心路历程，我们才能逐渐走出痛苦的泥潭，在痛苦中感受人生的真谛。

　　第一阶段：得知噩耗的前三个月。这是最痛苦也最难熬的一段时间，这三个月里你处在极度的震惊当中，你不愿意承认至亲至爱已经永远离开了你、离开了这个世界。这种强烈的痛苦大部分人会持续几个月，更有甚者会持续数年。这段时间里每次一想到逝去的至亲甚至是听到旁人提起逝者的名字，就会将你拉入痛苦的深渊当中。这一阶段最为重要的是向你信任、亲密的人宣泄你的痛苦，从情感层面获得他人的支持。

第二阶段：六个月后。这一阶段，较之丧亲的悲伤，那种无依无靠的空虚感更让你难以忍受。你一遍遍问自己，是否还能从这种巨大的痛苦中走出来。这一阶段最为重要的是坚定信念，一步一步慢慢来，并坚信自己能摆脱这种痛苦。

第三阶段：一年后。人在心理适应上有一个循环期，所以第一个忌日会让你恐惧，你担心自己再一次经历那种失去的痛苦。这时要尽力消除这种恐惧，暗示自己，痛失所爱的悲伤持续一年时间是正常的。

第四阶段：三年以后。这时候你已经坦然地接受了那种失去的痛楚，但思念和孤独仍会不时袭上心头。你要坦然面对这种悲伤，告诉自己怀念和流泪都是正常的。不过如果这时你仍处在巨大的悲伤当中，对亲人的逝去不能释怀，就需要寻求更为专业的帮助。

第五阶段：六年以后。你仍能感到那种失去感，你还会怀念逝去的至亲。但是随着时光的流逝，那种痛苦已经慢慢被稀释。时间赋予了你力量，抚平了你的伤口，让你能在生活中继续前行。

20

看到生活中的美好，并心怀感恩

令人烦恼的事每天都会出现，既然烦恼那么多，怎么才能让自己快乐起来呢？有句话说得好："烦恼是自己找的，快乐是自己给的。"想让自己有着阳光明媚的心情，就不能给自己的心灵太多的负担。对生活中的美好心怀感激，看淡生活的痛苦挫折，不抱怨太多，不奢望太多，这样心灵自然就只剩下了美好，少些"垃圾"，就会多些快乐。

美国心理学家也曾总结：自寻烦恼是人的本性，因为人并不完全是理性的动物，人常常被烦恼所困，而烦恼的原因多半来自自己，很少是由于外界造成的。所以解决坏情绪的根源在于自身的修养，而最好的修养就是对生活中的美好充满感激。一个快乐的人不会是整天怨天哀地、愁眉不展的人，一个幸福者也不是欲望繁多的人，时刻记住生活曾经给过你的美好，淡忘那些不幸的回忆，这样快乐的人不一定是因为他有了百万财富，痛苦者也不一定就是路边的乞丐。每个人都是上帝的宠儿，每个人得到的和失去的都是平等的，要懂得知足，要知道感恩。生活中，你多一分微笑就多得一点快乐，你多一分感激就多一分幸福，然而，多一分抱怨就多了分烦恼。

有的人看这个世界怎么看都是美好的，有的人看这个世界怎么看都一样是苦海。不是看的眼睛不同而是心不同。有这样一个故事，一个孩子从出生那一刻开始他就失去了母亲，六岁没了父亲，成为孤儿的他受尽了这世间的各种歧视。他仇恨这社会，仇恨所有歧视他的人，他看一切都带着恨意，拒绝所有的关心和帮助，甚至为了泄愤打伤过人几次入狱，他一直认为伤害别人是让他感到最痛快的事了。可是尽管这样，每次付出代价伤害过别人后他还是不曾感受到过快乐。中年之后的他再也不能忍受这种生活，于是他去拜访一位禅师，向禅师寻求帮助。禅师问他："你还记得生活中曾有过的美好吗？"他苦笑着说："这个世界哪里给过我美好，给我的只有不幸和痛苦罢了。"禅师随后温和地说："那你随我坐下，闭上眼睛安静地想一下你这半生的经历，想想和父亲一起的时光，想想曾经给过你帮助的人，想想那些你不愿忘记的东西。"一刻钟过去了，男子的眉头渐渐舒展，少了些许凶狠，两刻钟之后男子嘴角微微上扬，多了分温和。

这时禅师继续温和地说："是不是发现了一些不一样的呢？人生中不要只盯着那些烦恼看，这个世界还有很多美好就在你身边，放下仇恨吧，试着去感恩生活中的那些美好，或许你就会快乐呢。"男子惭愧地点了点头说："这是我自六岁以后第一次感觉自己很平静，第一次感觉原来有那么多温暖都被我错过了，第一次感觉心里没有了重负，第一次感觉自己还可以微笑。谢谢您，我明白了。"男子再次睁开眼时顿时觉得整个世界都不一样了，他终于知道快乐是什么感觉了。

心存感恩，这个世界就快乐了，美好是自己的，快乐也是自己的。即便人生再多不如意，总会有那么一些人、那么一些事曾"温柔"过，把痛苦写在沙上，随风忘却，把美好刻入石头，铭记永远，你会发现整个世界在心里都是光明的、温暖的。

21

强迫症的本质，一个人的自相搏斗

心理分析大师弗洛伊德曾经过说，强迫症的本质就是"一个人自相搏斗"。简单来说，强迫症患者的一切不快乐，都是自己内心心理失衡造成的，他自己不断和自己搏斗。如果不对强迫症进行调整，就会陷入自我搏斗的恶性循环中，从而让病人在痛苦的深渊中无法自拔。

心理学家指出，强迫症多是由严重的恐惧情绪和难以自控的焦虑情绪引起的，比如说有洁癖的强迫症患者，总是担心自己的生活环境有细菌，只要别人碰过自己的东西，仿佛就是弄脏了东西，不把东西清洗几遍就心里难受。像这种以强迫观念和强迫动作为基础特征的神经强迫症性障碍，很容易形成严重的强迫症。某些强迫症患者也说过，自己明明知道坚持要做的某些事没有多大意义，没有必要去做，可就是忍不住要强迫自己去做，做了才会舒服，才会安心。病情不算太严重的强迫症患者大都想要摆脱强迫症，却又束手无策，因为和自己搏击的就是自己，他们常因此而苦恼。让人哭笑不得的是，强迫症患者所恐惧的事物，大都是想象出来的，而不是他们自己曾经受过的恐怖的事。

另一部分强迫症患者也让人无奈，可能是生活压力太大了，他们会陷入焦虑之中，甚至会想象事情更糟了可如何是好，然后利用某些思维去对这些焦虑想法进行中和，这就导致了焦虑性的强迫思维的出现。而后，这些人为了减少焦虑情绪，就会衍生出一些强迫行为，比如说，为了保证自己的手上没有细菌，而去反复洗手，手一脏就让他们觉得十分焦虑。

如果有强迫症的倾向，不妨根据自己的情况试试以下两种自我心理疗法：

第一，直面恐惧法。让强迫症患者接触到最害怕的东西后，他们反而不那么害怕了。在相对舒适安全的环境中，让他接触其最不能忍受的东西，给予其最直接的冲击。但此法只适合下决心治疗强迫症的心理承受能力强的人。

第二，系统脱敏法。比如，对有洁癖的强迫症患者，可以让他逐步接触这些他不能忍受的东西，循序渐进。当他发现手脏了，一定会很不舒服，不要让他洗，慢慢锻炼他的忍受能力，多练习几次，恐惧和焦虑就会消失。

22

时时关注，别带着抑郁情绪生活

生活中总是有着各种各样的烦恼，有时是工作不顺，有时是得了重病，有时是感情亮了红灯……当这些问题出现时，人们会悲伤、难过，这些都可以理解。只是有的人的伤口会随着时间的流逝，慢慢愈合；有的人能迅速从打击中走出，重整旗鼓，再次前进；而有的人却一蹶不振，郁郁寡欢，陷入重度悲痛中。最后一种情况很危险，当人的心情一直处于低落状态，慢慢地就会对生活感到失望，从而严重影响了正常的学习、工作和生活，此时抑郁症就出现了。

在抑郁症患者眼里，世界是没有色彩的，美丽的景色、动听的声音、可口的食物，都无法点燃他们对生活的激情；在他们心里，自己是孤独无助的，没有人懂自己的内心情绪，别人关怀的话语也是隔靴搔痒、无济于事。他们既无助又无望，觉得活着没有意义，生病的自己是他人的负担，自责、绝望的心理甚至会使他们尝试自杀，想要放弃生命。除非是遇到优秀的心理医生，或者是自己努力抵抗抑郁，否则，抑郁就会缠着他们，将他们的世界变得黑暗。

在日常生活里，要想抵抗抑郁，就要多关注自己的情绪变化，当自己在负面情绪中挣扎时，要迅速采取行动，将自己从坏情绪的泥潭里拔出来。人们在察觉自己有抑郁倾向时，羞怯心理让他们难以向家人朋友开口求助，也有人说过抑郁症患者只能自救。因此，可以采取下列方法，改善自己的心情：

第一，写日记，记录自己的心情和生活。感同身受是一件很难做到的事，当自己因难受向他人求助时，别人听个大致情况，说一些安慰的话，自己还是感觉不被理解，从而更加觉得无助。不如向日记倾诉，写日记可以让人静下心来，打发时间，还可以边写边反思：自己今天有了什么进步？为什么还是不开心？怎么做可以改善问题？与自己对话，才能自救。

第二，采取正规治疗。当病情稍微严重时，很少想和他人交流，但千万不能放弃自己，心理医生有着丰富的治疗经验，应该向他们求助。当医生要求服用药物时，不要抵抗，遵医嘱吃药有利于身体；还要多和医生交流，听听医生的专业建议，相信医生是理解自己、想要帮助自己的。

第三，换个环境，放慢生活节奏。抑郁都是有原因的，与自己生活的环境有着很大的关系，一直处在致病环境里，病情只会越来越重。不妨出去旅游散心，在陌生的环境里开始新的生活。不去想烦心事，不被焦虑所迫，慢悠悠地生活，逐渐拾起对生活的希望。

第四，发挥特长，找到人生目标。有目标才会去奋斗，制定一个十分想要达到的目标，为此而努力，就能避免放弃生命的想法。此外，发挥自己的能力，就会得到社会的肯定，能够使人找回自我价值。

第五章

自己的生活自己选择，积极行动更快乐

有规律地生活，身心更健康

一个人的生活理念会影响自己的生活方式，我们要树立规律生活的理念。有规律地生活，可以促进个人的身心健康，而且也能够对人的未来发展起到正面的影响，最重要的是，能成就我们的好心态。

有规律地生活是确保工作顺利和家庭幸福的重要基础。规划好每天的生活，安排自己在哪一时间段该干什么，能确保事情有条不紊地进行。让生活有节奏有规律，就可以远离不良的生活方式，规定自己几点该睡觉，就不会去熬夜；规定自己一天锻炼多长时间，就不会因运动量过少而损害身体健康；每天有固定的时间做饭，就不会乱吃快餐；确定好何时处理工作，就不会让工作任务积累了一大堆……凡是在生活中有大成就的人，都懂得珍爱自己，也就是说，这些人会尽一切的努力，养成有规律的生活习惯。

养成有规律的生活习惯，有助于把握生活，养成控制生活的好心态。宋义是一家公司的经理，他的工作十分繁忙，按理说他应该整天围着工作

团团转，但他是个例外。他有自己的生活计划，一直过着很有规律的生活，每天抽空锻炼身体，三个月出去旅行一次。宋义认为保持有规律的生活，是对生活的一种享受。因为规划得当，他一进办公室，就全身心地投入工作，取得了高效率的工作成果。因为能在规定的时间内完成任务，他也就有了空闲去发展自己的兴趣爱好，或是定期陪家人。由此可见，一个能规律生活的人，他能在很大程度上掌控生活，因为做起事来从容不迫，心态也就悠闲稳定了。

如果做不到有规律地生活，就很容易陷入不良生活方式的泥沼，不仅危害健康，还会使人的情绪起伏不定，心态失衡。随心所欲地生活，等于放纵自己，饮食不规律、饮食结构不合理，会使人出现胃病；缺乏运动，会使人渐渐肥胖。而因此产生的不良情绪，更会使人无法养成健康的心态。

医学专家指出，现代人有很多都有这样那样的慢性病，而慢性病又叫生活方式病，主要是由于生活方式发生很大改变导致人体机能出现不适应造成的。而养成有规律的生活习惯，就可以规避这种情况的发生。当生活中的每一件事都做好了安排，按照顺序去逐步完成它们时，人会产生满足心理。因为什么都做好了安排，做起事来就不慌不忙，格外地胸有成竹，不会因为急躁冒进而犯错。由此可见，有规律地生活，可以成就一个人的好心态。

02

培养爱好，增加获得快乐的机会

兴趣爱好是人的生活不可或缺的一部分，人们通过爱好来调剂和丰富生活。当我们拥有爱好时，就会有一种愉快的感觉。我们提倡人应该拥有爱好，因为爱好会增加人获得快乐的途径和机会。当然，人不可能一口吃成个胖子，爱好也需要一步一步地培养。

第一步，热爱生活，诱发兴趣。

一个人只有深入现实生活，才能遇到各种各样的事物，而后可以从中挑选自己感兴趣的。人要有积极的生活态度，带着热情去观察了解世界，多参加各类活动，将自己和世界紧密联系在一起。一旦你感受到生活的多姿多彩，世界的新奇美好，自然就会有事物激发你的兴趣。

第二步，明确志向，稳定兴趣。

人的兴趣是容易改变和转移的，只有将自己的兴趣与志向结合起来，让二者紧密相连，才能让你的兴趣保持稳定性和持久性。

一代科学巨匠达尔文少年时代兴趣十分广泛，分别对气象学、金融学、小提琴、医学都产生过兴趣，并且学习了一段时间，后来因为兴趣不大都又放弃了。直到后来把生物学当作了自己的志向，从此致力于生物研究，还提出了著名的生物进化论。

第三步，保持好奇，发展兴趣。

好奇心是兴趣产生的基础，但好奇心一旦消失，兴趣也就减退了。所以要始终保持好奇心，使兴趣不断发展增强。比如说，可以经常提出一些疑问，向事物的深处挖掘，不断进行探究。问题是无穷无尽的，好奇心就会被长期维持，兴趣也就稳定地发展了。

第四步，深化兴趣，形成爱好。

从兴趣的发展过程来看，兴趣可分为三个阶段：有趣—乐趣—爱好。在第一阶段时，我们对事物不过是有短暂的兴趣；第二阶段时，我们可以从感兴趣的事物中获得乐趣；只有在第三阶段，我们才会对某一事物乐此不疲，深深眷恋。

所以，我们要选择具有积极意义的事物作为兴趣，争取把兴趣与自己向往的职业结合起来，与自己的志向结合起来，让它上升到爱好水平。

兴趣是智慧的火种，是求知的源泉，是成长的推动力，让我们培养自己的兴趣爱好，为自己铺筑一条快乐之道。

一杯咖啡的时间，让你的心灵小憩

咖啡魅力无穷，深受大众喜爱。冲泡咖啡时散发出的浓郁香味，咖啡入口时的独特口感，漂亮的咖啡杯，安静的咖啡馆……与咖啡有关的一切都那么的令人神往，让人心甘情愿在咖啡的香气里度过美好时光。是的，一杯咖啡，就足可以让时光缓慢下来，让生活浪漫起来，让你的心灵小憩。

喝咖啡已经成为现代生活中品位格调的象征，但更重要的是喝咖啡可以让人提神醒脑，能让我们拥有一段私密的放松时光。现代社会，生活的压力越来越大，当我们想放松自己的时候，可以约上好朋友，去咖啡馆度过闲散时光，咖啡馆舒缓浪漫的音乐，也有一定的放松作用，再和朋友畅聊一番，说说最近的生活，这美妙的氛围就让人沉醉，宣泄压力之后，心灵的重担放下了，整个人也变得神采奕奕。

繁忙的工作让人不堪劳累，神经也绷得紧紧的。当在工作日里有空闲时间时，有些上班族喜欢三五成群地聚在一起，漫无边际地聊天，这样看起来很热闹，却也难免让人觉得无聊。不如趁这个时候，冲上一杯浓浓的咖啡，仔细品尝，从中获得能量。在公司的个人空间里放上各式各样的咖啡，再搭配一个自己喜爱的咖啡杯，每天抽出时间喝一杯咖啡，就像是赴一个自己和咖啡的约会，享受那一段美妙的时光。

上班族的工作压力都比较大，同事间的竞争更是让人耗费心力，时间一久，压抑感便笼罩心头，危害人的情绪。这时候，慢慢地品尝一杯咖啡，在浓郁的香味中，焦虑的心情消失了，乏味的工作也被抛在脑后，闭上眼睛，让自己的思维如脱缰野马，尽情地去想象曼妙的风景、快乐的生活、美好的未来……咖啡为人带来物质和精神的双重享受，疲倦不见了，激情被重新点燃，心灵进行了足够的休息，人们能够带着活力投入到工作中。

等到了休息日，处理好家务，安顿好家人，就到了放松自己的美好时光。在暖暖的午后，放上一曲喜欢的钢琴曲或轻音乐，搅拌着杯里的咖啡，营造出有情调的氛围，笑容便可以轻易地绽放在人的脸上。此时更可以缓慢地品尝咖啡的香醇，放松自己的身心。当然，为家人泡上香浓的咖啡，一起享受这段好时光，也不失为一件乐事。

生活再怎么繁忙，也要寻出一段时间，坐下来，在冲泡咖啡的香味里，在咖啡勺与咖啡杯的清脆碰撞声里，在唇舌上传来的美妙触感里，静静地享受着咖啡的独特魅力。一杯咖啡的时光，便足以让你的心灵小憩。

04

来一场旅行，聆听路上的风景与人情

"人不能只靠面包过活，你的心灵需要比面包更有营养的东西。"当所有的心理暗示都无法排解内心的苦闷之时，我们或许真的需要换一种方式寻求解脱了。出去走走吧，放下巨大的工作压力，放下繁重的生活负担，放下一切去旅行吧，心灵就在路上。

当我们一直把自己禁锢在一个地方时，你会发现你的心情在慢慢变得糟糕。没有好的情绪，生活自然不能很好地进行下去，这个时候的自己需要带上几本书，带上几个朋友抑或自己一人，放空身体走出那个一直待着的地方，去到外面的世界看看。不用太长时间，也不需要走很远，到一个你喜欢的地方就行，安静或热闹都行。享受一下外面的阳光、沙滩、美食、风景或是不一样的风土人情，你会发现所有的一切都变得不一样了。静静地看看这个世界，用心聆听所有的美好与憧憬。一路上领悟的不仅是美丽的风景与人情，更是一种修行。安其身先修其心，旅行就是最好的修行。

杰克·凯鲁亚克曾在名为《在路上》的书中写道：当生活变得令人难以忍受，就拿起背包，起身上路，才能从心灵的黑暗旋涡中抬起头，看到自己的各种梦想。

曾有个女孩，那年突然被炒鱿鱼的她几近绝望，所有的努力在那一瞬间都被无情地否定了，她歇斯底里地哭过、闹过。大家以为她会就这样失去了前进的勇气。直到一天她突然向大家说："我要来场旅行。"

就这样，她徜徉在夏日的绿色中，走进大山、走近绿水，坐在山谷听流水潺潺，虫鸟和鸣，那纯净的声音仿佛魔力一般，瞬间就能涤净忧愁。在自然中放大自己的渺小，把自己当作那万里丛林中的一草一木或是一只鸟，放声高喊、纵情歌唱。穿上不一样的服装给自己一次别样的疯狂。远离了喧嚣与功利，在五彩斑斓中享受了十几天的快乐。

在旅程结束的那一天，她很平静地说："有什么大不了，我还会找到更好的工作。"大家相视而笑，真心为她感到高兴。她说："原来大自然真的可以抽去我们所有最不堪的过往，给我们重新奋斗的勇气。"所以爱上旅行吧，让心灵在路途中安静下来，让灵魂在路途中绽放，丢掉烦恼，放空一切，找回最初的快乐。

我们每个人都来自于大自然，最终也要回归于大自然，从出生起大自然就是我们永远的心灵归宿。大自然宽容到可以包容一切，包括我们的烦恼，所以，去亲近和感受大自然，才是净化心灵最好的选择。

在瑜伽中舒缓自己

生活在快节奏中，我们经常被生活压力折磨得身心俱疲，这样的情况下我们不免会烦闷躁动，这样的坏情绪是埋藏在身体里的毒素，它压抑着我们的快乐，带给我们烦躁不安，让我们的精神埋没于阴暗之中，所以我们如果想要得到身心安宁就一定要学会清理心理上的垃圾。然而喧闹的生活中想要寻得一片安宁是何其困难，或许只有在瑜伽慢节奏的世界里才能寻得那份身心上的安宁。

西奥思·伯纳德曾在其作品中写道：瑜伽学习及修行可净化身体，改善健康状况，强化心志。也就是说，可以加强心灵成长。任何一个身心健康的人都能以某种方式达到瑜伽身心结合的目的。身体是心灵的媒介，瑜伽以一种宁静的方式安抚身体，同样安抚着心灵。

瑜伽最初来源于佛教，最初人们练习瑜伽打坐是修行的一部分。瑜伽里有着佛教的"净"的精神，瑜伽可以通过打坐冥想而达到集中精神的目的，以求得在不安宁的世界中寻求内心的平静，它可以以舒缓的方式除去身体的不安定因素，达到身体、心灵与精神的和谐统一。所以瑜伽在一定程度上可以改善人们的生理、心理和情感方面的问题。

在忙碌的工作之后，回到家中在房间里放一段舒缓的音乐，在音乐中自然放松呼吸，让思绪在音乐中安顿，让情绪在音乐中安定，并慢慢在音乐的指导中舒展身体，让肌肉和韧带得到舒展拉伸，慢慢地，你会感觉全身的筋骨、血液都被唤醒了，这种体验一定妙不可言，在瑜伽中给身心一次彻底的清理，一定畅快淋漓，那种身心自然舒展的宁静定会让你心情豁然开朗。偶尔也可以走到野外置身于大自然的怀抱之中，晨光下、海边亦或是在花草丛中，在自然的清新中由内而外地释放所有的不快与不安，感受由内而外的宁静，更是一种别样的体验。

如果生活让你感到疲倦了就尝试着练习瑜伽吧，它会扫除你心灵上的"阴雨"，它会给你自然的宁静与安详。练习瑜伽是一种享受，也是一种修养，是身体和心灵的双重修养。如果生活让你感觉单调就爱上瑜伽吧，它会为你打开另一扇窗口。

如果你进入了瑜伽的世界，一定再也不愿走出了，因为你的心灵会"上瘾"。瑜伽改变的不仅是你的身体形态，更是你的生活态度，有瑜伽的日子你会发现自己总能保持积极向上的心态，烦恼与困扰也会越来越少，你会更热爱生活，更懂得生活的意义。享受这份美好吧，享受瑜伽里自然的宁静与快乐吧。

面朝大海，心灵可以春暖花开

海子有首诗叫《面朝大海，春暖花开》，那是海子对单纯自由人生境界的向往。海是博大纯净的，它是充满正能量的使者。不仅是海子，每个人都有对大海的向往，相信当我们带着烦恼面朝大海时，大海定会有一种让人忘却痛苦的能力。

没有在海边生活过的孩子一定常听说大海的苍茫辽阔、波涛汹涌，一定想象过那海水湛蓝，海浪奔腾的模样，海的博大与壮美，神秘与浪漫一定深深地刻在记忆的深处。那种痴迷的向往必追随着成长走过了无数个日夜，当终于有机会走近大海，轻轻接触海水，却感受到了无比的温柔，看那浪花拍打着岸边的礁石，像母亲般的抚摸，兴奋不安的心顿时平静了不少，那种雄壮中的柔情，是不是又好似父亲一般给人温柔与安全感，在不知不觉中使身体自然地放松了呢？

生活中难免会遭遇各种烦恼之事，无力解决之时何不尝试着给精神一次"面朝大海"的机会。海洋是广阔的，看海水卷起浪花任它起伏漂泊，是不是感受到了那种洒脱和从容，这就是大海的性情。站在沙滩上感受海风，是不是能感受到温柔，这就是大海的态度。瞭望海天一线，无边无际，纳百川、吞江河，无所不能包容，这就是大海的气度。大海的魅力不是在于它的无边无际，而在于它的洒脱、从容、温柔、包容。面对鱼龙混杂的生活，面对不堪的情绪，如果能像大海一样，那还有什么问题是解决不了的，还有什么烦恼是值得纠结的？当生活中的我们迷茫于如何面对生活之时，是不是尝试着学习一下海的精神呢？从容面对得失，温柔对待生活，包容所有的快乐和不幸，给心灵一次"面朝大海"的机会，相信浪花会赶走心中所有的负能量。

当生活不尽人意时请选择一个阳光明媚的日子走近海边吧，让清凉舒爽的空气包裹你的身体，让蓝蓝的海水洗去你一身的尘埃与疲惫，浪花会把你所有的不如意带进浩瀚的大海，给你的心灵一次彻底的按摩放松。

当困惑于生活的琐碎，与工作压力之时，请在音乐中，想象一下大海吧。想象那沉默柔软的沙滩，想象那海天合一的辽阔，想象那涌动的海水、安静的阳光，想象自己在海边酣畅淋漓地疯狂。在这种意境之中，你必然能给紧张压抑的心情带来一丝的安宁与轻快。睁开眼睛那一刻你必然能感受到心情豁然开朗，充满了继续奋斗的力量。

面朝大海，赶走身体的负能量。海洋是自由与博大的象征，然而在生活的夹缝中为生存而奋斗的我们恰好缺少的就是这两种感觉。我们面对人生坎坷、面对生存压力如若无处释放，必然积郁成疾，所以多到海边走走吧，享受一下大海赐予你的自由与宽容，给心灵一次解放，驱散灵魂的阴霾。

07

制作阅读清单，享受有书为伴

读书是最简单的美容之法。读书是在聆听高贵的灵魂自言自语。这是作家毕淑敏送给广大女性的良方。腹有诗书气自华，想要变得更加美好的女人，就去书海里徜徉吧，花费少量的钱，便可为自己的优雅气质做一笔效果显著的投资。最重要的是，在心灵荒芜时，书籍可拯救人的心灵，如汩汩清泉滋润田地，又如大地母亲为植物提供充足的养料，可以让心灵之树枝繁叶茂。

阅读不需要花费太多的钱，只是需要花费较多的时间，需要人持之以恒地坚持下去。或许，你是一名学生，有着繁重的功课，还在苦苦抵抗游戏的诱惑；或许，你毕业已久，整日为工作而忙碌；或许，你已有自己的小家，爱人和家庭需要你的悉心照顾；或许，你年事已高，被生活折磨得缺少活力，靠电视剧打发时间……可这一切都不能成为你不读书的理由，读书使人优美，如果一个人想要在岁月的冲刷和琐事的打磨下不失光华，永远拥有充盈的内心，那么就要经常为自己准备几本书。

制作一份阅读清单，可以让读书计划良好地进行下去。曾有幸见过一个朋友的阅读清单，上面的书目俱是名著：塞林格的《麦田里的守望者》，严歌苓的《小姨多鹤》，西蒙·德·波伏娃的《第二性》，沈从文的《边城》……其中，有一部分后面已经打勾，说明已经读完，有的标注了读到了哪一页，有的后面写着"待购买"。清单上罗列得十分清楚，在哪个时间段读书，一天要读多少，什么时候读完等，让人一目了然。朋友说，自从自己制作了清单，就开始按计划读书，再也没有半途而废过，觉得自己从书中看到了外面的世界，很是有趣。

如果买回来一堆书，放着不看，或者是看一半又去翻另一本书，又或者是别的情况，都等于埋没了书的价值。而阅读清单可以有效督促我们阅读，记录我们阅读的进程，见证我们如何放飞思绪。

制作清单的第一步是挑好自己喜爱的书籍和优秀的书籍，而后可根据个人具体情况制订阅读计划，比如一天抽出多少时间读几页书，先读哪本后读哪本。最后，要制定监督制度和奖惩制度，确保读书计划实行。另外，每读完一本书，可以试着写一些书评和感悟，畅快表达自己的想法。有书为伴，脑海里有诸多知识，气质里带了一份从容，心灵再也不会荒芜。

08

把抱怨写在纸上，烧掉它

歌曲《记事本》里有一句经典歌词："劝自己要放手，放开手让你走，烧掉日记重新来过。"这里的"烧掉日记"指告别过去，毁掉曾经的感情经历，开始新的生活。触类旁通，我们不妨试着将抱怨的事写在纸上，而后烧掉它，看看会有什么意想不到的收获。

人无远虑，必有近忧。生活中经常会发生一些不愉快的事情让人感觉不舒服，比如说穿的白鞋子被人踩脏了，朋友跟你说话时态度敷衍……这些事看似都很小，但若是一点一滴积累起来，则会让人忍不住抱怨。但糟糟的是，抱怨只会让你散发负能量，而不会有什么良好的作用。祥林嫂在经历丧夫失子之痛后，每天都沉浸在过去的痛苦中，一次又一次地抱怨上天不公，人们一开始是同情她的，后来就对她无休止的抱怨产生了厌恶之情。由此可见，把抱怨的事挂在嘴边，只会让大家远离你。不如写在纸上，进行自我调节。

把抱怨的事写在纸上然后烧掉，是一种有效的发泄不良情绪的方法。"滚滚长江东逝水，浪花淘尽英雄""大江东流去，千古风流人物"，古人在奔涌而去的江水前，总是感慨万千，烦恼被抛在脑后，只余一腔豪迈。我们可能做不到望江水诉抱怨，但烧掉写有烦心事的纸却是简单易行的，且能收到相似的效果。认真地把抱怨的事写在纸上，就相当于倾诉了自己的不满，也能让自己正视自己在为什么而烦恼，进一步思考这些事是否值得自己抱怨。最后，点燃纸张，纸张成灰，上面的字也随之不见，你会体会到释然的意味，心境也会明朗起来。

把抱怨的事写在纸上，就是把烦恼化无形为有形了，可以被烧掉。我们也就能做到放下，不再对琐事耿耿于怀，还自己内心一片清净。本来，若能心怀碧海蓝天，心境澄澈，谁愿意怨天尤人，让自己一片怨气？

09

深呼吸，快速控制情绪的好方法

这是几乎每个人都知道，但很少有人会习惯性地去做的一个动作：深呼吸。事实上，深呼吸不仅是一个有益身心健康的动作，更是一个快速控制情绪的好方法。

深呼吸就是呼吸时胸腹联合呼吸，也就是呼吸时吸入更多的新鲜空气，排除肺内残气及其他代谢产物。此种呼吸方法可以吸进更多的氧气吐出二氧化碳，加强血液循环，有利于人体脏器官的改善，同时这种呼吸方式也有利于解除疲劳，放松心情。瑜伽中的呼吸法中也包含此种方法。另外科学研究表明除非有足够多的新鲜空气达到肺部，否则静脉血管中的污秽血液将得不到完全净化，所以说深呼吸真的有净化身心的作用。

坏情绪来临之前，请深呼吸，做温和之人。每个人都有会发怒的时候，暴脾气上来谁也拦不住，但是愤怒就像魔鬼，不仅会伤了别人，也会伤害自己。研究表明，人在愤怒或恐惧时产生的身体毒素，足够杀死一只小白鼠，所以轻易不要愤怒。愤怒来临之际，请做个深呼吸，不仅可以给身体排毒，还可以安定情绪，同时在呼吸的片刻我们有机会让自己的冲动回归理智，冷静思考自己的做法是否正确。

生活中难免会遇到一些困难或痛苦，当我们处于焦虑和紧张的状态时很难会清醒地思考问题，让自己来次深呼吸吧，减缓身心压力，给心灵一次放松，急躁并不能处理问题，冷静下来才是首要任务。不论什么时候处于什么境地，情绪波动时，请深呼吸，我们需要一个短暂的停顿去整理思绪，我们要学会用温和的方式去解决问题。

深呼吸，做温和之人。清晨迎着晨光与柔和的风，深呼吸，不管接下来的一天会如何进展，先来口新鲜的空气，必然会觉得神清气爽、精神抖擞。这种幸福感与满足感必然会送你一天好心情。生活就是这样，快乐就好，温和就好。

10

在喧嚣中思考

作家周国平曾说过："我发现，世界越来越喧嚣，而我的日子越来越安静了。我喜欢过安静的日子。"从这句话里，不难看出，在喧嚣的社会中，他选择安静的生活方式，安静地写作，安静地思考，不受外界喧嚣的干扰或诱惑，守着自己的内心生活。周国平的态度值得每个人学习，因为只有做到在喧嚣的环境中思考，才能够真正的沉下心来。

学习在喧嚣的环境中思考，可以开辟一片属于自己的净土，静下心去钻研事业，最终有所成就。梅贻琦曾说："人生不能离群，而自修不能无独。"这是说，哪怕身处喧嚣的环境之中，心灵也不能浮躁起来，而要修养则离不开独立的思考。无独有偶，季羡林先生出名后，各种人士前去拜访，社会上很多活动也邀请他参加，而他一一谢绝了，潜心钻研国学，成为了一代大家。他们无视外界喧嚣，不在乎别人怎样褒贬自己，静心思考，与文化进入了深层次的交流，成就了自己。

该如何在喧闹的社会中静心思考呢？唐代诗人陶渊明告诉我们："心远地自偏。"身处同样吵闹的环境里，心态沉稳的人能不受外界干扰，依然思索着自己的事，心态浮躁的人却大受环境感染，注意力全放到了外界的事物上。随着环境而浮躁的人就像昙花，刚刚绽放就要凋谢，而不受干扰的人像树一样，慢慢思考自己怎样才能长得更加茁壮，然后存活很久。

喧嚣的环境是一个挑战，能克服它的人才是人生的强者。莫言获得诺贝尔文学奖的消息一经传开，接连不断的采访纷至沓来，而莫言却表示，他最希望的是在获奖之后，仍能过上从前的生活。这是他经过思考给出的态度，也是明智的态度。因为他身为作家，只有过着和以前一样的安静生活，才能潜心创作，写出更多优秀作品。只有做到独立思考，我们才能在喧嚣中听到自己的心声，才能自我成长。

劳逸结合，放松时就尽情放松

劳逸结合的生活方式为很多人所提倡，指的是辛勤工作后，要给自己放松一下。实际上，很多人都没有践行这一生活方式，他们在工作时能专心工作，但到了休息的时候，还在想着自己是否还有什么任务没完成，刚刚完成的那个方案要不要再改改，东想西想，放松的时间一晃而过，他们又叹息自己还是很疲累。如此看来，放松的时候，要彻彻底底地给自己放个假，不要再想什么公务或者生活杂事，尽情地放松自己。

尽情地放松自己，是对自己的奖赏，是让放松时光有价值的体现。平时的工作、杂事一大堆，在费心费力完成之后，好不容易挤出时间让自己放松一下，就应该好好享受无压力的这段时光。有人的放松方式是泡温泉，有人是去旅游，有人喜欢逛街，等等，不管是哪一种方式，应该都是舒适的，应该好好珍惜，而不是在放松时心有旁骛，辜负了自己。

尽情地放松自己，能让身体的酸痛大为减轻，心里的压力消失得无影无踪。繁重的工作使人劳累，多数上班族都会有颈椎病、腰酸腰疼等病症，出去放松可以锻炼身体，缓解疼痛，增强体质。在惬意的放松环境里，人的心情也会变得舒缓而愉悦。

　　尽情地放松自己，可以让自己从中获得能量，再次精神倍增地投入到工作中，从而高效率地做事。在放松时不想其他事，自然可以全身心地投入到放松活动中，宣泄出自己的劳累，然后通过放松变得情绪高涨，身体也被注入了活力。尽情放松后的你，就像一艘准备充分、装备优良的船，尽管去扬帆起航吧！

运动，让坏情绪随汗水流走

　　有一个女孩，从小体弱多病，后来病治好了，身体还是很瘦弱，吃得少，很少运动，情绪很容易低落，家里父母很担心她的健康问题。过了不久，她家附近新建了一家健身俱乐部，全家人都去看新鲜。女孩觉得这家健身俱乐部规模不小，有很多健身器械，健身房里的人也都活力十足，再一看自己的细胳膊细腿，不禁叹了下气。她母亲给她办了张健身卡，女孩开始去健身。渐渐地，女孩脸上多了光彩，胃口也变大了，整个人都活泼了不少，家长心里高兴极了。女孩跟父母说："在健身房里，我流了很多汗，还把我的坏情绪都甩出去了。"是的，健身房就是有这种神奇功能，可以让人排出身体里的毒素。

　　健身房是人们想要健身时的首选去处，因为那里的器械设备比较齐全，有各种健身及娱乐项目，有经验丰富的指导教练，还有良好的健身氛围。

这一切可以确保人们享受正规的器材、专业的指导，而且就算自己想要偷懒了，周围人热火朝天的健身热情也会感染你，在大家的带动下，你也会全身心地投入到运动中来。

身体是革命的本钱，健身会增强我们的体质，放松我们僵硬的身体，使我们的内脏器官系统变得有活力。在健身房里，不管是选择什么运动，都会酣畅淋漓地出一身汗，身体里的毒素会随着汗水排出，而后再去洗个澡，换上一套干净的衣服，不由让人觉得全身的每一个毛孔都在自由地呼吸，浑身舒坦。所以，经常去健身房的人的皮肤状态都比较好，这是一种从里到外的调节，比使用化妆品来得自然。

在健身房不仅可以锻炼身体，还能让自己的坏情绪一扫而光。做着自己喜欢的运动，这已经让人愉悦了。如果你不喜欢运动，只要你渐渐地投入进去，随着身体的伸展，你内心的"小人"也会运动起来，不再无聊。若是能够专注地投入健身中，凡尘杂事都被遗忘了，你的心灵会慢慢空灵起来，身体在出汗，灵魂则在云端之上翩翩起舞。如果你有很多压抑的情绪，尽情地运动吧，发泄出来后，心灵毒素也就被排出了。健身可以塑身美体，更是让人免去了身材不好的苦恼，感受到自己的身姿一天天轻盈起来，身体曲线愈加优美，好心情就不请自来了。

13

不必假装坚强，痛就大哭一场

有时候假装坚强并不是一个好的选择，痛就痛了，悲伤、难过并不是什么见不得人的耻辱，谁没有喜怒哀乐。哭泣，是人最本能的发泄情绪的方法。生活中，我们都是最平凡的人，在面临生活中的坎坷起伏时，当事业、婚姻、爱情不尽人意之时，最简单的发泄方式就是大哭一场。

有人说哭泣是最无能的解决问题的方式。在困难、苦恼面前，哭泣确实对解决问题没有任何的帮助，但是哭泣是不良情绪疏解的最简单的渠道。当情绪很糟糕的时候我们已经失去了思考的能力，这个时候既然什么都做不了还不如痛痛快快哭一场，当宣泄完所有在心中积压的不快之后，我们才更容易冷静下来思考问题。

曾经有美国学者做过一个实验，他们通过对几百个男女老少不同的志愿者进行研究分析：发现当人们在情绪抑郁之时，过分地压抑情绪会产生一些对人体有害的物质，并且在这些人群中也得到了验证，那些平时不爱哭的人，不喜欢用眼泪去消除情绪压力的人身体健康状况确实没有那些所谓的"爱哭群众"的身体状况好，而且这些人更容易患有结肠炎、胃溃疡等疾病。而且研究发现当他们情绪压抑时痛快地哭一场后，自我感觉明显比哭前好了很多。

通过进一步的研究，学者还发现人在悲伤时流的眼泪比在某种刺激下流的眼泪所含的蛋白质及荷尔蒙更多一些，这说明人在悲伤时哭泣是可以通过眼泪把人体产生的毒素排泄出来的。由此看来哭泣是有很大的好处的，所以有时候哭一下又何妨。

事实上，在生活中我们也会发现，遇到烦恼挫折之时女生哭的概率远远超过了男生，男生往往以大男子主义的形象要求自己把悲伤压抑在心里，把泪水咽下，可是殊不知这强装坚强的举动对身体有极大的伤害。因此，男性的平均寿命较女性短或许与此有一定的关系。

委屈时何必憋着，潇洒地哭一场，哭完之后静静地思考所有的对与错，然后忘记一切的不快乐，再去重新开始才是聪明之举。无论是号啕大哭还是无声流泪，只要哭出来就好，再多撕心裂肺的痛苦都可以在一场哭泣中洗去，我们尽可大大方方地哭，不坚强、不勇敢又何妨，人生快乐就好。

14

谈一场愉悦的恋爱

传说上帝在造人时，只造出了一个名为亚当的男人，亚当在伊甸园里无忧无虑地玩耍，时间一久，觉得自己十分孤独，便要求上帝给自己找一个同伴。上帝取出了亚当的一根肋骨，造出了一个女人，名为夏娃。两人在一起生活，亲密无间，产生的感情就是爱情。因此有人说，拥有爱情的人，生命才算完整。爱情是一种神奇的感情，可以让两个素不相识的人相互吸引、依恋，成为彼此生命中最重要的人之一。美好的爱情会使双方都有所进步，体会到别样的温暖与感动。大诗人杜甫写过"随风潜入夜，润物细无声"，好的爱情也是这样，不动声色，却如夜晚的春雨，从四面八方包围渗透爱人的生活，滋养两人成长。

小伟是个性格开朗的男生，正值青春的他常常希望能拥有一份美好的爱情，不久后他注意到了邻班一位文静的女生小婉，经过一段时间的接触，两人成为了恋人。小伟性子有些毛躁，小婉就经常在他冲动时劝住他，慢慢地他变得沉稳了；小婉很有能力，却信心不足，不敢参加什么大型活动，小伟便一直鼓励她要勇于尝试，后来小婉参加朗诵比赛得了奖，两人心里都特别高兴。爱情，就是这样促人成长，而越成熟的人，越容易拥有好情绪。

爱情的甜蜜会使人笑容满面，心爱的恋人随意的一个动作，都让人觉得很有魅力；恋人的一句俏皮话，便让人心醉不已；爱人的暖人举动，又会让人从心底荡起丝丝甜意。感情好的恋人，常常喜欢腻在一起，哪怕是相互间的一个对视，都能感觉到对方对自己的爱意。在文学作品里，爱情也是一个永恒的话题，它的美好被人无数次地描写。

美好的爱情是拥有好心情的基础，当人陷入爱河时，身体会分泌一种叫作多巴胺的物质，刺激人产生幸福感，此外，去甲肾上腺素等激素的分泌量也会增加，让人的身体增加不少活力。美好的爱情就像是有魔力的药剂，让原本平淡的生活变得多姿多彩，人的心情也就好起来了。如果你想尝试一下它的魔力，就去大胆地恋爱吧！

15

心情不好，去逛街吧

　　女人似乎天生就爱逛街，一提起逛街整个人都精神了不少。有些男性就开玩笑说："女人真是种奇怪的生物，不愿意坐车去郊外旅游，也不愿意爬山，领略一下顶峰的风光，就乐意去逛街。平常走一会儿路就嚷嚷着腿疼，一逛起街来逛多久都不说累。"男士之所以这样说，固然有一些道理。主要是他们不明白逛街对女人来说有多重要，简直就是女人放松心情的最佳娱乐活动。

　　逛街是追求美的表现，一想到自己会变得更美丽，女人心里就开心了许多。现在的生活条件越来越好了，女人乐意把钱花在购物上，各种店铺鳞次栉比，里面的商品琳琅满目，新奇漂亮。女人天生爱美，喜欢给自己画漂亮的妆，喜欢穿好看的衣服，也喜欢给家人买合适美观的东西。这样一来，就要去街上好好选购下需要购置的商品。哪怕是没有目的地去逛逛，看到什么新潮的东西，都会让人心情愉快。

　　逛街可以让女性锻炼身体，消耗掉多余的脂肪，这也会让女性在心理上产生快感。在交通便利的现在，女性长时间步行的机会也比较少，逛街则可以让她们心甘情愿地运动起来。尽管逛街时的运动强度不算很大，但在女人心情愉悦的情况下，脂肪的燃烧速度会加快不少，就能起到减肥的效果了。

　　逛街可以制造和朋友在一起的机会，几个女人热热闹闹地去逛街，会让女人心理上有满足感。女人们在一起逛街时，会交流一下最近的情况，说一些生活中的琐事，有什么不开心的事也会说出来，宣泄自己的情绪。朋友之间也会互相安慰、鼓励，获得前行的动力。另外，她们会互相交流买东西的参考意见，帮助对方买到称心的衣服、鞋等商品。买完东西，还可以接着逛，去寻找美食，坐下来美美地吃一顿。

从医学方面来说，逛街也是有益于女人的心理健康的。有时候女人去逛街并不是为了买什么，只是单纯地去享受那个过程。比如说，如果她们想知道自己最适合什么风格的衣服，她们就会去逛街，试穿各种不同的衣服，以便找到答案，这也会让她们心情大好，满足自己的掌控心理。

娱乐方式有很多，可是没有哪种方式比逛街更受女性欢迎，由逛街而产生的巨大愉悦感是不可取代的，难怪众多女性青睐于它。

16

随时反省，匆忙的生活需要静心思考

现代社会的生活压力比较大，每个人都匆匆忙忙地往前赶，有时走得太快，难免就会跑错方向，还需要返回原来的路，再往前赶。为了避免这种情况，我们不妨定期停下脚步，回头看看走过的路，眺望一下远方，静心思考自己是否走对了，再计划接下来的行动。不要怕耽搁时间，没有人敢说自己走的路永远是对的，没有人能保证自己从不走弯路，停下脚步，才能反省自己的错误和不足之处。

在龙门寺禅院前的围墙上，有学僧正在临摹一幅龙争虎斗的画像，画中盘旋在云端的蛟龙直欲扑下，蹲踞山头的虎昂头迎上。作画的学僧即使多次修改，也不能显示其中动态，恰巧无德禅师从外面回来路过此处，这个学僧就恳请禅师给他评鉴一下。

无德禅师看了看说："对龙和虎的表面形态画得不错，但你了解多少龙与虎的特性呢？现在你们应该先要明白的是，龙在进攻之前，头一定先向后退缩；虎要前扑时，头一定先向下压低。龙的脖子向后弯曲的幅度愈大，虎的头愈向地面靠近，那么它们就能冲得愈快、跳得愈高。"

这些学僧很是欣喜地说道："禅师您真是一语中的，我们不仅把龙头画得太靠前，虎头也画得高了，难怪总觉得这龙虎的动态画得不够。"无德禅师便借机对他们说："不仅画画如此，处事为人、参禅修道的道理也不例外，停下脚步，精心准备后再出发，就能走得更远，谦卑地自我反省之后才能攀得更高。"

这个故事有着深刻的寓意，一个知道停下脚步、懂得反省自己的人才是有自知之明的人，这样的人才能了解自身的错误，经过思考后想出办法去改正、弥补错误。

做人切忌盲目自大，也忌讳只做不想，这样的人会很容易走冤枉路，因为他们只顾埋头往前走，走错了还一无所知，因为走的不是正确的道路，到头来只能是一场空。所以，在感觉不对劲时，及时停下脚步，回过头来看看自己走过的脚印，养成随时反省的好习惯是非常必要的。

一旦发现自己走错了，或者是有更好的路，就要开始静心思考，这个时候，要慎重地反思自己究竟想要什么，选择正确的道路。不能在走到悬崖前才知道反省，那样就太晚了。

17

尝试结交新朋友，打开新世界

人生不是一场独舞，我们每个人也都不是一座"孤岛"。没有人分享的人生是最悲哀的人生，我们的人生需要有人走进来，我们的心灵需要更多的人去亲近。我们需要不断结交新朋友打开新世界，这样的人生才会更美好。

当我们独自来到一个陌生的地方之时，人往往会本能地产生复杂的情绪，会欣喜、期待，也会恐惧、自卑、忧虑、不安。因为这是一个完全不熟悉的地方，对于一切的陌生我们都会没有安全感，陌生的人或事都很容易打乱我们原有的生活，当生活秩序变得糟糕时我们就会恐惧。这种感觉很容易让我们的情绪陷入一个死循环，越是难以接受就越不敢接受。人是感性的动物，会本能地回避一些东西，尤其在新进入环境的一段时期内，如果我们不能找到一定的安全感，就很容易在一个死循环中继续下去，再也无法适应新环境。所以到达一个新环境里，为了防止情绪发生异变，我们要及时找到安全感。最简单的方式就是结交新的朋友，通过他们打开一个新的世界，尝试着去接触新事物、新思想，这样就很难让坏情绪趁机扰乱我们的生活了。

一个人不能只待在一种环境中，一成不变的生活模式很容易让人感觉到生活仿佛失去了意义，毫无色彩的生活是滋生懒散、焦虑、悲观情绪的温床。因为毫无悬念的生活就毫无刺激感，精神上没了刺激就没了动力。

没有新鲜感的生活永远不会有乐趣，人生若没了乐趣那还有什么意义。厌倦感就是精神世界最大的杀手，悲观消极就是因它而起，所以我们要积极寻找新鲜的人或事，寻求精神上的刺激，以满足心灵的渴求。这个时候如果有一个或几个你不了解的人闯入你的世界是不是就很有征服欲？你很希望通过他们打开一个新的世界。这种感觉就像在探险，好奇心会让你精神抖擞。所以当感到烦恼时，可以尝试着去结交一些新的朋友，了解一些新的领域，不仅会拓宽心灵的"视野"，还会带给自己无尽的兴奋和雀跃。

尝试结交些新朋友，打开一个新的世界吧。不管你处于什么境遇，新的朋友都会给你不一样的体验，一个爱生活的人总是在不断地交友中成长的，朋友总会给你书本中没有的知识。不同的朋友会教会你不同的爱的方式，不同的朋友也会是不同境遇中的情绪安抚者。

18

为自己充电，不再恐惧生活的压力

你有没有因为生活压力而恐惧过？比如说，怕自己工作能力不够强，被老板辞退；怕自己的交际能力有问题，从而失去朋友；怕自己不够有趣，导致爱人对自己失去兴趣……这种时候，就去充电吧！只有在充电中努力提升自我，让自己的优点越来越多，才会有对抗困难的能力，才能无所畏惧。

现在的工作竞争越来越激烈了，企业在招聘员工时自然是择优录取，在提拔人才时也会特意挑选能力出众者，这就要求身在职场的人不断进修，给自己充电。小云因为高考失利，读了大专，她大学毕业时成绩优异，被招进了一家酒店。酒店里的员工年纪都比较大，小云因为年轻，脑子灵活，颇受上司器重。她过着一般上班族朝九晚五的生活，觉得生活对自己挺不错。但好景不长，酒店又招了一批应届毕业生，她们的学历都是本科，懂得的知识也更多，比小云博闻广见多了。小云产生了浓重的危机感，她开始慌了，要知道，学历高的人容易得到提拔的机会，难道自己就要一直原地不动吗？

小云跟闺密倾诉了烦恼，闺密说现在很多专科生都在上学习班或者自学，以考取本科文凭。小云想了想，一个大专文凭确实让她底气不足，恐怕自己无法顺利升迁或是失业。她立马行动起来，报好了学习班，一有空闲就自己看书，开始充电。经过两年的努力学习，小云获取了本科文凭，在学习中掌握了很多新的知识，并能在工作中应用它们，职位也有了提升。小云觉得自己虽然为充电付出了许多金钱、时间和精力，但这让她变得底气十足，整个人都自信了不少，再也没有害怕新人把自己比下去的担忧了。

在职场上，流传着这样一句话：你如果一年不学习，你曾拥有的知识就会折旧80%。为了能拥有充足的知识去进行工作，职场白领们充分利用每天的空余时间，在家里、地铁上、各种培训班等地方忙于充电。这样的生活虽然紧张，却也充实，能使白领们积累更多资本，去面对工作上的各种挑战，增强他们的自信心。

一个积极进取、努力奋进的人，他可能没有出色的外表，没有漂亮的服饰，但这个人身上会散发着智慧的光芒，因为他有昂扬的生活态度，他知道不断给自己充电，提升自己的能力和气质。俗语说，活到老学到老，坚持为自己充电的人，会变得越来越有魅力。

19

放置盆栽，绿色让生活灵动

生活需要绿色，生命需要绿色。绿色象征着生机，也孕育了生机。春天看绿意萌发，夏季看绿色盎然，秋冬看绿色青翠。从这些绿色中都能感受到蓬勃的生命力，绿色总能让我们的生活灵动起来。

身处城市的高楼大厦之中，我们已很难再看到大片的绿色，很难找到那种生命一点点成长的生动了。这里有的是灰色的混凝土建成的楼房，有的是灰色水泥石板的道路和永远看不到白云的灰色的天空。灰色总是沉闷的、压抑的，总给人难以呼吸的忧虑，我们的生活中需要点绿色去点缀。

长久待在办公室和室内我们经常会感觉到头晕、厌倦、心烦意乱，这个时候不妨在室内放上几盆绿色的盆栽，不仅赏心悦目，而且能够缓解情绪烦躁的问题。绿色植物的功效绝对超出你的意料。经检测大多数绿色植物都具有很强的净化空气的功能。例如，研究表明，君子兰是释放氧气，吸收烟雾的清新剂，即使冬天空气不流通时它也能保持室内空气清新。吊兰是吸收空气中甲醛和一氧化碳的"能手"，除此之外它还能分解苯，吸收香烟烟雾中尼古丁等有害物质，是一顶一的"室内空气净化器"。文竹可以消灭细菌和病毒，一盆芦荟相当于九台生物空气净化器，滴水观音可以有效清除空气中的灰尘……由此可见植物具有相当强大的空气清洁作用，几盆植物就能将空气问题全部解决，既健康又省成本。

另外，给房间或办公室放些绿色植物不仅可以净化空气还可以缓解视觉疲劳，给人带来心旷神怡的感受。在房间放几盆绿色植物会让环境显得幽雅、闲静，陶冶情操。同时科学证明人们天生讨厌黑色、灰色，红色、黄色等太浓烈的颜色，这些颜色也很容易让人产生视觉疲劳，只有绿色能给人稳重舒适的感觉，同时又因为它对光线的反射比较适中，人体的神经系统、大脑皮层和眼睛里的视网膜组织比较适应。所以绿色总能给人凉爽、平静的感觉，对镇定神经，稳定情绪，降低眼压，缓解视觉疲劳有很大的作用。也因此，自然的绿色总能给人希望。

不管是绿色的植物、绿色壁纸还是绿色花架，总之一抹绿色总能让我们的生活灵动起来。忙碌而烦躁的时候抬头看看那几盆绿色的植物，总会感到一丝的悠然，缓解劳累的心灵。待在家里烦闷之时，一把椅子、一本书，置身于绿色盆栽之间那又是何等的雅致。我们终会爱上绿色，爱上那些许灵动。

20

布置温馨的家，让疲惫的心灵惬意

家，是一个温馨而又美好的字眼儿，是我们每个人生活居住的地方，是承载着亲情的地方。家里有亲人，这让我们想到家就变得温情脉脉；家里有我们喜欢的各种物件，有可口的饭菜，有舒适的环境，这一切都让我们对家眷恋不已。美中不足的是，自己的家若是一成不变，抑或是装修得单调乏味，缺少美的元素，时间一长，自己就会觉得家缺乏新鲜感和美感。这就需要我们做一些改变，将温馨装进我们的家里，让家变得更加美好。

温馨的家，是送给家人的最好的礼物。梅恩是一个推销员，最近的工作任务比较重，他总是带着一身疲倦回到家里。因为心里装着烦心事，他回家后对家人横挑鼻子竖挑眼，也不再对妻子说温柔的言语，一会儿嫌家里空气不好，让人胸口闷得慌，一会儿又嫌家具的颜色太沉闷了，让人压抑，他总是在挑剔。他的妻子是一位温柔体贴、善解人意的女士，她倾听着丈夫的抱怨，把他挑剔的地方都记了下来。趁着梅恩出差的时间，妻子仔细挑选了新的家装，把家里重新装扮了一下，希望梅恩的心情会好起来。当风尘仆仆的梅恩回到家后，立刻被焕然一新的家惊呆了。他看到家具更换成了白色，款式都很简洁、大方，窗帘换成了自己一直向往的米白色，卧室里的床单被罩上带有浅紫色印花，家里摆上了很多绿植、盆栽，花盆的形状都很美观，家里还多出了一面照片墙，挂着他们昔日的合影……所有的一切都令他惊喜，他给了妻子一个感激的拥抱。从那以后，他一回到家就觉得十分放松，去摆弄植物，心态变得沉稳了不少，工作效率也提高了。

繁华的城市缺少大自然的宁静，在外奔波劳累的人，内心渴望拥有一个温馨的家，让自己能够在家里享受大自然的美好，让疲倦的心灵休憩一下。你可以在墙壁上贴碎花墙纸或者在墙壁上手绘喜欢的图画，为家带来无限的乐趣。各种盆栽更是装饰利器，吊兰、文竹等植物都具有观赏价值，还能净化空气，仙人掌可摆在电脑旁，让眼睛感受到绿色的灵动。至于各种家具，你尽可以选择喜欢的款式，再好好搭配一下，便魅力无穷。如果有空闲的话，买上两只活泼的小鸟，在每一个清晨唤醒你的会是清脆的鸟叫声。

只要多下功夫，家可以变成温馨的世界，充满生机和活力，还有一份安然的宁静。这样的家，就是一个美丽的世外桃源，令人感觉惬意，是家人心灵休憩的港湾，补充能量的驿站。